"十四五"国家重点出版物出版规划项目

奶牛围产期实践笔记

【西班牙】曼努埃尔·费尔南德斯·桑切斯
【西班牙】曼努埃尔·利兹·洛佩斯 编著
【西班牙】玛蒂尔德·埃尔南德斯·索利斯

刘 云 郑英策 童津津 王春璈 主译

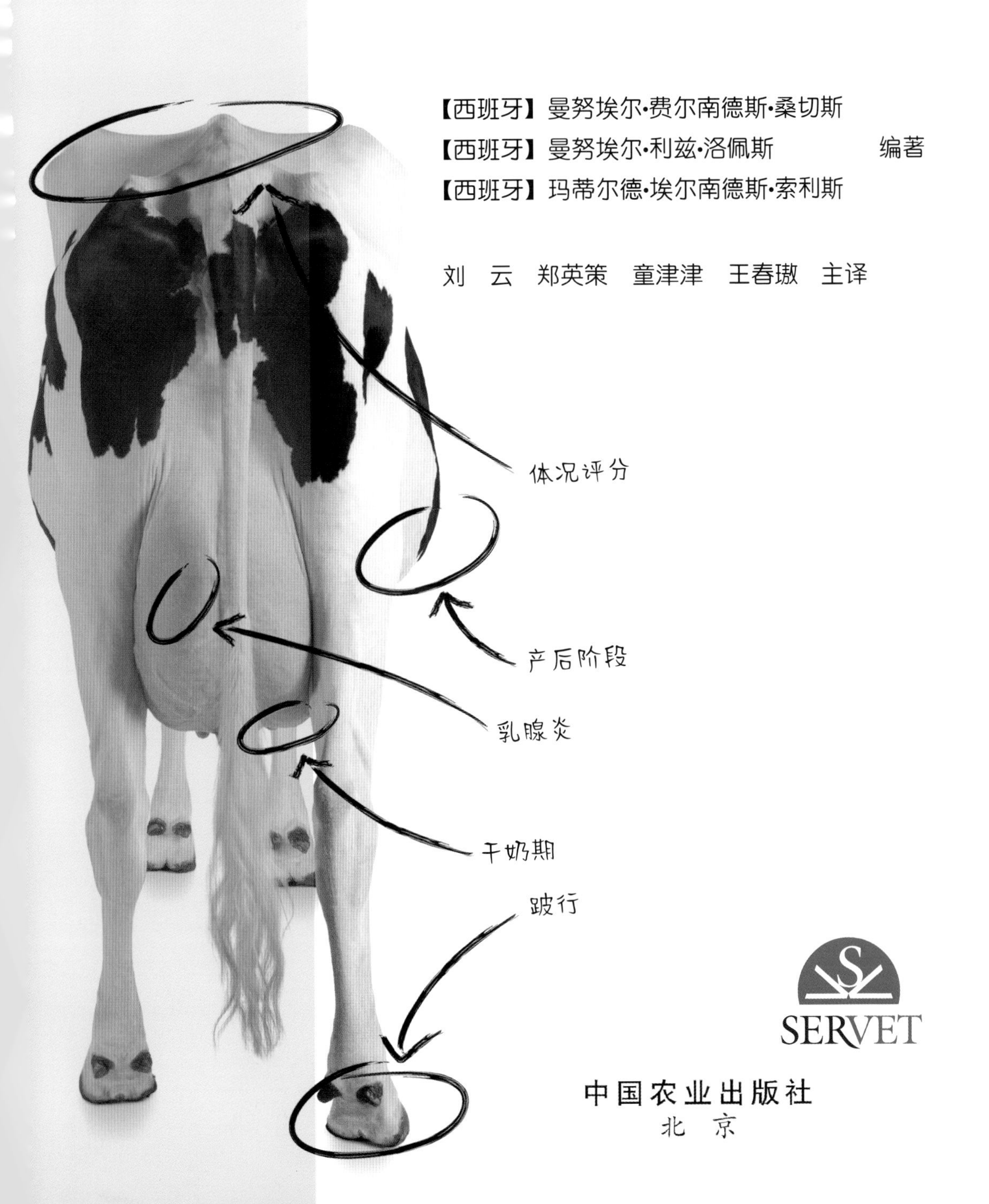

SERVET

中国农业出版社
北 京

图书在版编目（CIP）数据

奶牛围产期实践笔记／（西）曼努埃尔·费尔南德斯·桑切斯，（西）曼努埃尔·利兹·洛佩斯，（西）玛蒂尔德·埃尔南德斯·索利斯编著；刘云等主译．—北京：中国农业出版社，2023.4

书名原文：The Peripartum Cow Practical Notes

ISBN 978-7-109-30560-1

Ⅰ.①奶…　Ⅱ.①曼…　②曼…　③玛…　④刘…　Ⅲ.①乳牛－围产期－牛病－防治　Ⅳ.①S858.23

中国国家版本馆CIP数据核字（2023）第056023号

ISBN: 978-84-942449-6-4

Warning:
Veterinary science is constantly evolving, as are pharmacology and the other sciences. Inevitably, it is therefore the responsibility of the veterinary surgeon to determine and verify the dosage, the method of administration, the duration of treatment and any possible contraindications to the treatments given to each individual patient, based on his or her professional experience. Neither the publisher nor the author can be held liable for any damage or harm caused to people, animals or properties resulting from the correct or incorrect application of the information contained in this book.

合同登记号：图字01－2018－6646号

中国农业出版社出版
地址：北京市朝阳区麦子店街18号楼
邮编：100125
责任编辑：刘　伟
版式设计：杜　然　　责任校对：吴丽婷　　责任印制：王　宏
印刷：北京通州皇家印刷厂
版次：2023年4月第1版
印次：2023年4月北京第1次印刷
发行：新华书店北京发行所
开本：700mm × 1000mm　1/16
印张：9.5
字数：220千字
定价：120.00元

译者名单

主　译　刘　云　郑英策　童津津　王春璈

译　者　刘　云　郑英策　童津津　王春璈

王　栋　王　爽　关同旭　金圣子

胡梦馨　范玉营　杜垣逸　葛瑞东

校　稿　刘　云　童津津

英文原版作者

Manuel Fernández Sánchez（曼努埃尔·费尔南德斯·桑切斯）

萨拉戈萨大学兽医学学士。他的职业生涯达20余年，从他在布里斯托尔、比利时和苏格兰的兽医实践工作，到他在Evalis Galicia担任反刍动物技术经理，一直以反刍动物为中心进行工作。他与ANGRA（Rasa Aragonesa全国农民协会）合作，制订肉羊繁殖和育种方案，并在阿斯图里亚斯监督奶牛的繁殖和牛奶质量。

他在不同业务领域、兽医临床实践和奶牛养殖方面的专业经验，使他对兽医的需求有了广泛的了解，特别是在解决奶牛生殖问题方面。本书借鉴了他作为临床兽医处理实际问题的经验。

Manuelliz Liz López
（曼努埃尔·利兹·洛佩斯）

1988年获得莱昂大学兽医学学士学位，并从这一年开始在卢戈省从事奶牛和肉牛的临床兽医工作，开启了其职业生涯。他是Pontenova兽医服务公司的创始成员。在日常工作中，他既是临床兽医，也是动物繁殖方面的专家。在他的整个职业生涯中，他参加了病理学、外科学、超声诊断和养牛场管理方面的许多培训班和研讨会。

Matilde Hernández Solís
（玛蒂尔德·埃尔南德斯·索利斯）

1989年获莱昂大学兽医学学士。她一直担任大动物临床兽医，并从2003年开始专注于乳品质量，当时她在卢戈省的70个养牛场发起了一项提高牛奶质量的计划。自2008年以来，她一直是Pontenova兽医服务公司的合伙人。她还是庞特诺瓦兽医服务公司研发项目“挤奶设备对加利西亚奶牛群产奶和健康状况的影响：对农场经济影响（2007—2010）”的研究者。

致 谢

献给弗朗西斯科·赫南德斯·马卡罗。

马蒂和马诺洛特别感谢他们在Servepo的同事，感谢他们在写这本书的过程中的耐心和理解。

还要感谢塞贡多、苏珊娜、西托、帕特里夏和诺埃。

前 言

在这本书中，我们分享了关于奶牛生产周期中最重要的部分——围产期的一些观点。多学科专家协调工作的方法是围产期奶牛管理成功的唯一途径。

肢体的状况、乳房的健康、所提供的饲料和房舍，以及其他影响较大的应激因素，都可能影响一个又一个代谢疾病的级联反应。

解决这些问题的办法是在兽医专家和农场之间建立一个强有力的支持网络。

目 录

6 奶牛管理

7 案例研究

1 简介

从经济效益分析，可将奶牛的生命周期分为生产期（泌乳期）和非生产期（第一次产犊前、培育期和干奶期）（图1-1）。

然而，用“非生产期”这个词来描述为泌乳做关键准备的阶段，可能是一种吃力不讨好的方式。此外，从经济角度来看，奶牛培育是一个关键阶段，因为将犊牛培育成一头大小适中的泌乳牛至关重要。

一旦非生产期结束，每一次泌乳都会给奶牛带来新的挑战。泌乳奶牛必须在每次泌乳后进行干奶和适应。这需要一个协调良好的多学科专家组成的小组，以确保迅速有效地进行必要的调整。牛奶质量顾问提供必要的治疗和干奶方案，而营养学家则提供最佳的饲料配制方案。蹄病医师负责对有肢蹄病的奶牛进行治疗，而临床医生在预防（如定期接种疫苗、抗寄生虫治疗等）和疾病治疗方面发挥着关键作用，提供必要的支持，使奶牛能够在产犊后得到最好的恢复，避免或克服潜在的产后临床问题。

一般来说，农场主往往更重视眼前的问题（生产更多的奶），而那些不是那么紧迫但却至关重要的问题（如促进奶牛产奶的非生产期），他们可能没有意识到，在泌乳高峰期每天多生产一升牛奶可以在整个哺乳期多生产200L，或者，如果提前达到泌乳高峰，生育能力可以得到提高。像这样的一本书，有必要进一步深入到泌乳期最重要的方面，即准备阶段（这一阶段包括干奶、产犊和围产期）进行探讨。这是每头奶牛生命周

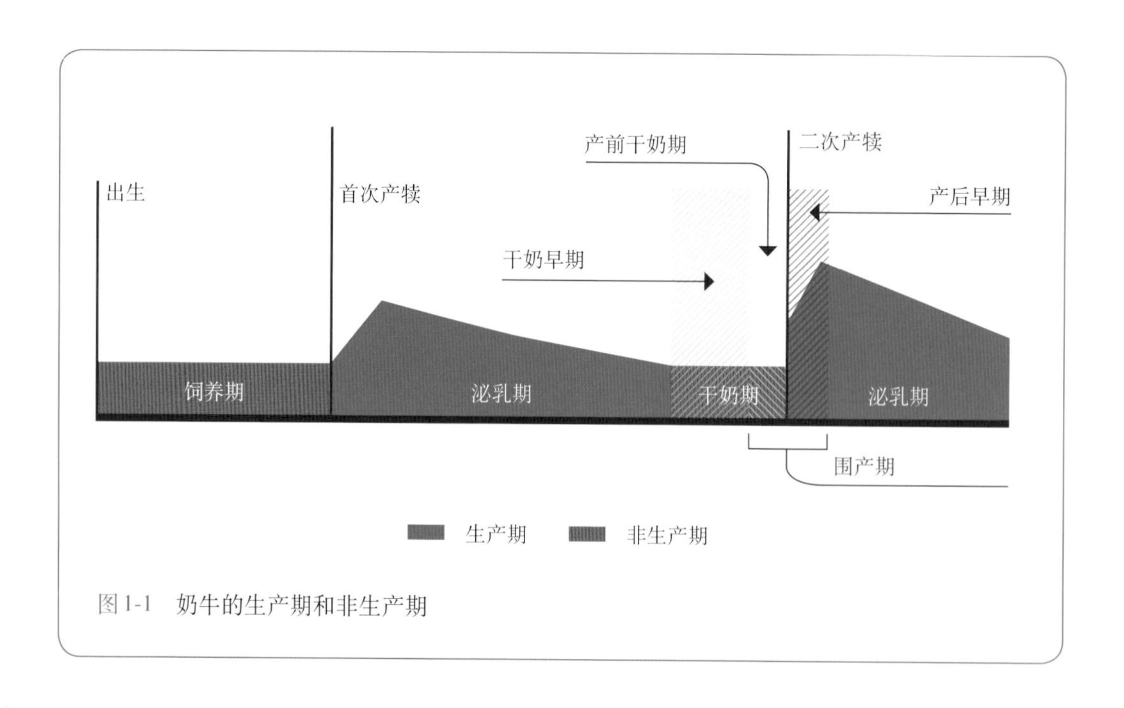

图1-1 奶牛的生产期和非生产期

期中的关键阶段。如果所有参与奶牛准备阶段的专业人员（不仅仅是农场主）都能更好地了解这一过程，本书的目的就达到了。

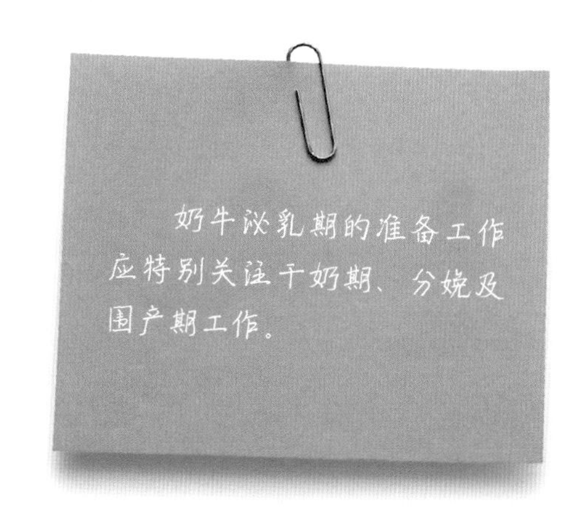

1.1 围产期

围产期发生的疾病不是孤立的事件。要描述围产期奶牛某一个特定疾病过程是非常困难的，因为它的发生与其他过程的相互作用密切相关。流行病学已经证明了这些相互作用是多么的复杂。因此，在围产期患病的奶牛感染其他疾病的风险更大。围产期疾病不是孤立的过程，而是一组疾病，在选择预防和控制策略时应该作为一个整体进行评估。

在这本书中，我们通过对临床病例的分析，发现围产期疾病通常是因为农场主不遵循兽医的切实建议，或者不熟悉奶牛的行为模式造成与农场既定方案的偏差所致。本文所描述的病例将帮助读者了解复杂的围产期疾病及其连锁反应，虽然引发原因一般很难确定，但通常很容易治疗。

作为临床医生，兽医负责疾病的诊断和治疗，但也必须能够预见问题，因此需要“主动”而不是“被动”。实现这一目标的关键是对农场产生的数据进行良好的管理，并正确解读巡栏期间观察到的临床症状。在围产期，临床兽医不能等待数据的产生来寻找解决方案。早期诊断牛群疾病是在问题暴发之前能够实施适当措施的最佳途径。

这本书描述了从奶牛停止产奶到泌乳高峰期间必须采取的措施，使用了农场指标，这些指标提供了关于牛群福利的重要信息。这一时期是一个多因素相互作用的动态过程。我们的目标是使读者能够建立一个决策树来生成标准操作过程。

2 干奶期

2.1 生理特性

在干奶期，奶牛乳腺首先经历生理性萎缩，之后在接近分娩迹象的同时，经历激素介导的肥大。在L1（第一泌乳期）奶牛经历其第一个干奶期后，乳腺会再次发育。鉴于实践经验，干奶期应持续约60d，以便让L1奶牛完全完成乳房发育。随着产犊日期的临近，乳房肥大变得更加明显，初乳也逐渐积累。初乳的成分与随后生产的牛奶有很大不同，它含有2倍的钙、10 倍的维生素A、3倍的维生素D和15倍的铁。初乳实际上是一种免疫球蛋白浓缩物，可以免疫和保护犊牛。然而，初乳中的钙含量高达循环血液钙浓度的9倍，因此，母牛由于大量血钙进入乳汁，导致严重的骨质流失。干奶期妊娠母牛的腹部体积显著增加，从妊娠的第7个月到产犊，胎儿从60cm长到100cm，其重量从大约15kg增加到约40kg（表2-1）。干奶期结束时，母牛的采食能力明显受限，导致免疫抑制和对外界变化的敏感性增加。在这个关键时刻，适当的处理是必不可少的（见案例4，第114页）。

表2-1 干奶期胎儿发育

	妊娠月数		
干奶期胎儿发育	7	8	9
长度	60cm	80cm	100cm
重量	15kg	25kg	40 ~ 50kg

2.2 为什么干奶？

干奶的开始相当于一个泌乳期的结束和为下一泌乳期开始做准备。这是乳腺重要的休息期。在干奶期，乳房经历退化和分泌细胞再生。干奶期可视为短期投资：在此期间，应立即执行所有计划或建议的管理活动。

2.3 什么时候干奶？

干奶期的持续时间是根据产犊间隔来确定的，这应该在不同情况下进行评估。泌乳期过长，伴随着长时间的干奶期，往往表明繁殖失败，并且通常伴随着产后问题和体况评分的增加。表2-2显示了干奶期相对于产犊间隔的持续时间。虽然数值可以在10% ~ 18%范围内波动，但理想范围是12% ~ 15%。

在决定何时开始干奶时，必须考虑影响此过程的限制因素：

- **妊娠期和预产期**：这些是不能改变的因素。干奶期至少应持续45d，如果是L1奶牛，则应持续60d。
- **干奶前的产奶量**：无论妊娠的哪个阶段，产奶量急剧下降的

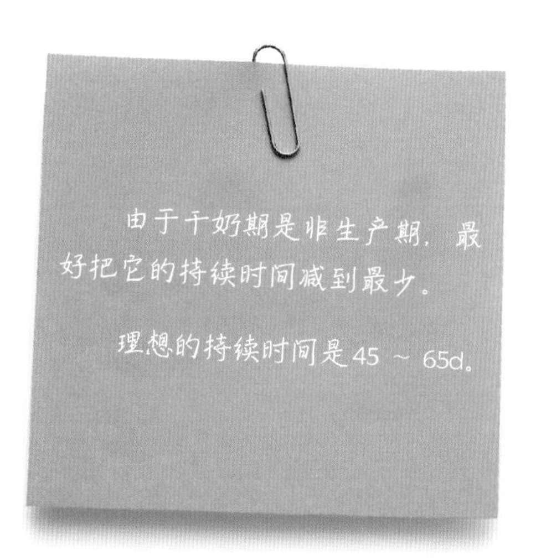

奶牛都应被认为是干奶的候选者。还应考虑日粮成本和母牛体况。产奶量减少通常是由于繁殖障碍，在这种情况下没必要去延长泌乳期。此外，还有其他因素，包括乳腺炎、急性跛行和其他疾病。

- **体况：**评估这个参数很重要。奶牛在干奶期的理想体况评分为3 ~ 3.5分。奶牛的体况评分应在整个干奶期保持稳定。必须定期监测和全面评估农场奶牛的体况，因为这些信息将有助于确定在需要干预的情况下应采取的方法。泌乳期结束时，乳汁转化率降低；如果这种变化伴随着体况评分的增加，母牛产后会受到负面影响。如果母牛出现进入干奶期的迹象，但产奶量超过平均产奶量，也需要采取行动。我们建议在农场主的帮助下制订一个表格，并制订一个在泌乳后期对奶牛的体况和每日产奶量进行评分的程序。通过将产犊间隔（天数）和干奶期持续时间（天数）等附加数据列入表2-2中，可以有效地监测母牛，并在潜在问题出现时立即发现它们。在连续泌乳期采用这一程序提供了一种监测由不良体况导致疾病的方法。

表2-2　不同产犊间隔条件下干奶期的相对持续时间

产犊间隔（d）	干奶期（d）		
	50	60	70
365	13.7%	16.4%	19.2%
395	12.7%	15.2%	17.7%
425	11.8%	14.1%	16.5%
455	11.0%	13.2%	15.4%

干奶前的注意事项

- 奶牛干奶期的最少持续时间是多少？
- 是第一次泌乳的奶牛吗？
- 奶牛的体况评分是多少？
- 这头奶牛是否属于低产批次？
- 奶牛是否有临床或亚临床型乳腺炎史？
- 奶牛的体细胞计数是多少？
- 这头牛最近泌乳期发生几次临床型乳腺炎？

2.4 如何干奶？

干奶期前的建议：

- 总是在一周中的同一天（如周一或周二）进行干奶。干奶前日粮能量要降下来，浓缩料自动分配时，这种变化很容易实现，但在手动分配的情况下，处理起来比较困难，奶牛的应激也会增加。通常，当把奶牛从泌乳区转移到干奶群时，日粮的能量会发生改变。
- 日粮的改变可以是突然实施的，但挤奶次数不能改变。在干奶之前，应咨询牛奶质量顾问，考虑每头奶牛的临床病史，并尽可能对干奶期的治疗方案进行初步确定。
- 健康奶牛在干奶时使用抗生素，以防止在干奶期和产犊期间感染病菌。

- **干奶期开始时受感染的奶牛乳腺炎可分为3类：**
  - **亚临床型乳腺炎：**奶牛近期体细胞数高于20万，其中1/4乳腺CMT（加利福尼亚乳腺炎测试）阳性。在这种情况下，应采集奶样进行微生物学检查，并根据分离出的病原体选择抗生素，确定治疗方案。
  - **临床型乳腺炎：**尽管在这种情况下，已开始应用干奶期抗生素治疗，但应按照上述针对亚临床型乳腺炎的治疗方案进行。
- **慢性乳腺炎：**对于慢性乳腺炎病牛，可在最近一次复发后，根据发病期间乳汁的细菌培养结果接受敏感性药物治疗。这种情况可以通过在干奶期进行适当的处理来解决。

干奶期治疗失败的原因如下：

- **受感染的奶牛：**干奶前为健康，干奶期患乳腺炎。奶牛在乳腺萎缩前15d感染革兰氏阳性菌的风险最大。产犊前一周因革兰氏阴性菌患乳腺炎的风险也会增加，这与乳腺肥大的情况相一致。
- **产犊后感染的奶牛：**干奶期为健康，但在产后早期出现临床或亚临床型乳腺炎的奶牛。在第一次产犊后检测，这些奶牛的个体体细胞数量超过20万。尽管人们通常认为这些奶牛中有许多是在产犊期间感染的，但其实它们通常是在干奶期感染的。

在干奶期进行预防性抗生素治疗时，应结合清洁和消毒方案、正确使用药物、数据可追溯性和适当的奶牛管理进行。

2.5 干奶期奶牛管理

干奶时奶牛需要转栏（对于干奶前需要单独喂养的奶牛，需2次转栏）（图2-1）。每次至少对一头以上的奶牛进行调整，这样对奶牛的应激相对会小些。不同地域、设施条件下干奶的类型不同，这取决于气候和设施空间的可用性等因素。例如，西班牙北部坎塔布里安海岸的许多农场改造了旧设施以供使用（图2-2）。另一些则将挤奶区的一部分（通常没有足够的通道）用栅栏隔开（图2-3和图2-4）。或者除最冷的冬季以外的所有时间使用室外区域（图2-5）。在干奶期留在牧场上的奶牛应每天检查跛行情况，并监测瘤胃内容物和乳房状况。如果奶牛被安置在室内，应提供宽敞、干燥、通风良好的设施和舒适的卧床，并定期消毒。喂养区应该照明良好，但其他区域不必特别明亮，因为黑暗会促进干奶期催乳素受体的表达（反馈效应）。然而，奶牛产奶后必须将其安置在采光良好的地方，这对牛奶生产是至关重要的（图2-6）。

图2-1 在一些小农场，将奶牛从主牛群中分离出来，在被转移到干奶牛批次之前，预先饲喂干奶的日粮

图2-2 适用于干奶奶牛的旧牛舍。注意其中一条走廊是用混凝土填充的，已去除台阶，并提供铺设垫层的空间。背景是一个简单的台阶，用来隔离产犊区

图2-3 集约化农场，有单独的饲养围栏和干奶牛围栏（背景）

图2-4 挤奶设施内用于饲养干奶牛的区域。尽管有盲道，但空间还是足够的（有必要的床、水槽等）

图2-5 在海洋性气候地区，干奶牛通常在天气好的时候留在户外牧场。除了最寒冷的冬季，它们可能一年中的大部分时间都在此度过

图2-6 用于产犊的围栏区域。注意采光、床和水槽

2.5.1 可在干奶期进行的治疗

2.5.1.1 蹄病治疗

干奶牛四肢上的任何损伤，无论是机械性的还是传染性的，都应立即处理。随着挤奶手段不断改进，牛腹部受压的风险有所降低。此外，及时蹄部治疗所引起的应激程度总是小于由于未能及时治疗而变得永久或反复跛行所引起的应激。跛行的奶牛遭受疼痛而不愿活动，因此无法准备好面对产犊和泌乳的挑战（见案例1和案例2，第106和108页）。

2.5.1.2 疫苗接种

在奶牛干奶期采用本地农业协会制定的疫苗接种方案，并可为未来的后代的健康接种乳腺炎和病毒性腹泻疫苗。疫苗接种适用于预防某些呼吸道疾病，如牛呼吸道合胞体病毒（BRSV）感染、副流感病毒3型（PIV3）感染和巴氏杆菌病，并进行复种以预防肠毒血症、癣或钩端螺旋体病等疾病，以及在干奶期进行其他疫苗注射，也可能是有意义的。疫苗接种的目的是给后代犊牛提供免疫力，并保护母牛在产后关键时期免受任何可能危害其健康的因素影响。

2.5.1.3 驱虫

根据寄生虫的特性，有多种对应的抗寄生虫方案。如果奶牛在干奶期被饲养在室外，它们被寄生虫感染的风险就会增加，尤其是在干奶期恰逢春季和夏季时。在任何放牧区，都应在一定程度上控制奶牛体内寄生虫的数量和种类。潮湿地区威胁更大，先前制订的预防方案应适用于在这类地区放牧的奶牛，并结合定期粪便分析结果适当调整预防方案（图2-7和图2-8）。

一些体外寄生虫，如蜱，可以传播严重和致命的疾病，如梨形虫病（巴贝斯虫病和泰勒虫病）和无浆虫病。这些疾病可以表现为急性暴发，通常多发于春季室外干奶期的奶牛（见病例6，第126页）。还应检查奶牛是否感染疥螨和虱子，一旦发现，立即治疗。应监测丝虫病，丝虫病常常会导致乳房周围溃疡样病变，并可能因继发真菌感染而复杂化（图2-9）。

无论如何，干奶期是治疗受感染动物的好时机，因为治疗不会中断产奶。

图2-7 在许多牧场，犊牛和干奶牛共享寄生虫负载量高的区域。在这种情况下，芦苇的存在表明这些奶牛正在一个非常潮湿的地区吃草

2.5.1.4 其他预防性治疗

农场的预防方案因常见疾病类型不同而有所不同。预防性治疗包括补充维生素（维生素A、维生素D_3、维生素E）、硒、丙二醇（产犊前后）、亲脂物质（针对身体状况评分高的奶牛）和氨基酸。

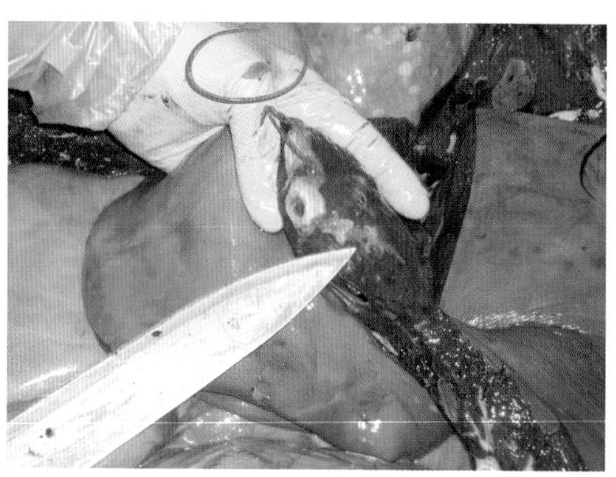

图2-8 肝片吸虫病。饲养在潮湿草地上的奶牛寄生率较高

体况评估

应定期评估奶牛的身体状况，并密切监测那些感染风险增加的奶牛。理想情况下，应该根据奶牛身体状况在干奶期进行分组。

图2-9 由丝虫寄生引起的典型损伤，通常这些损伤因真菌的出现而复杂化。在干奶期，可以进行局部和抗寄生虫治疗

3

妊娠后期与分娩

妊娠期间母牛患病或遭受应激可能会影响胎儿的发育。环境因素（如农场施工、噪声、暴风雨、卫生操作或大规模疫苗接种，如蓝舌病的首次接种）可能会导致母牛流产或木乃伊胎。

第2章中的表2-1显示从妊娠7个月至产犊期间胎儿大小和体重的增长情况。

在干奶前通过直检来评估奶牛的妊娠状况的需求在增加。在其他情况下，无论妊娠处于哪个阶段，都需要兽医来评估与妊娠相关的疾病。

3.1 干奶前妊娠监测

在常规检查期间，兽医应首先验证每头妊娠奶牛的可用数据，并根据后续检查的预定日期制订工作计划。应评估可用数据的质量，因为某些信息可能缺失或不正确。

3.1.1 妊娠后期检查

当对妊娠5 ~ 7个月的母牛进行直肠检查时，应评价以下体征：

（1）第一个解剖参照点是**子宫颈**。当将尾向一侧轻拉时，妊娠子宫的固有阻力使兽医能够评估其内容物。子宫下沉至腹腔，兽医可实施腹腔检查。可以评估子宫壁的相对松弛度，用指尖触诊子叶以确定其大小和直径。

在某些情况下，可通过直接触诊评估胎儿活力，而与妊娠阶段无关。然而，即使在妊娠晚期（5 ~ 7个月），对于位于腹底的胎儿，有时在进行检查时也不一定能触诊到。这种情况对于兽医来说令人沮丧，但对于农场主来讲会是一个惊喜。

（2）卵巢在整个妊娠期间保持其解剖位置不变，因此在任何时候卵巢都是可触及的。由于黄体的存在，可以将妊娠子宫角一侧的卵巢与对侧卵巢区分开来。虽然超声检查很容易识别出两种椭圆形卵巢之间的差异，但仍需要通过触诊进行进一步区分。

（3）最后，兽医应检查**子宫动脉**，在妊娠3.5 ~ 4个月时可定位子宫动脉。供应妊娠子宫角的子宫动脉可以在宽韧带中感觉到，它穿过宽韧带。检查过程中应该轻轻进行触诊，因为如果施加压力过大，则不容易发现子宫动脉（图3-1）。检查并记录子宫动脉波动次数。

待评估和分析的指标及参数数量随着妊娠进展而增多。

供应非妊娠子宫角的动脉直径也增大，可在妊娠5.5～6个月时触摸到，尽管这条动脉总是比妊娠子宫角对应的动脉小，但该阶段应检查双侧子宫动脉。

我们建议通过触诊卵巢开始妊娠检查，首先确定与妊娠子宫角相对应的卵巢，然后触诊供应该子宫角的动脉。应注意避免检查过程中出现错误，因为这些错误可能导致干奶期计算错误。

请记住，如果仅触诊到非妊娠子宫角的子宫动脉，妊娠阶段可能被低估2个

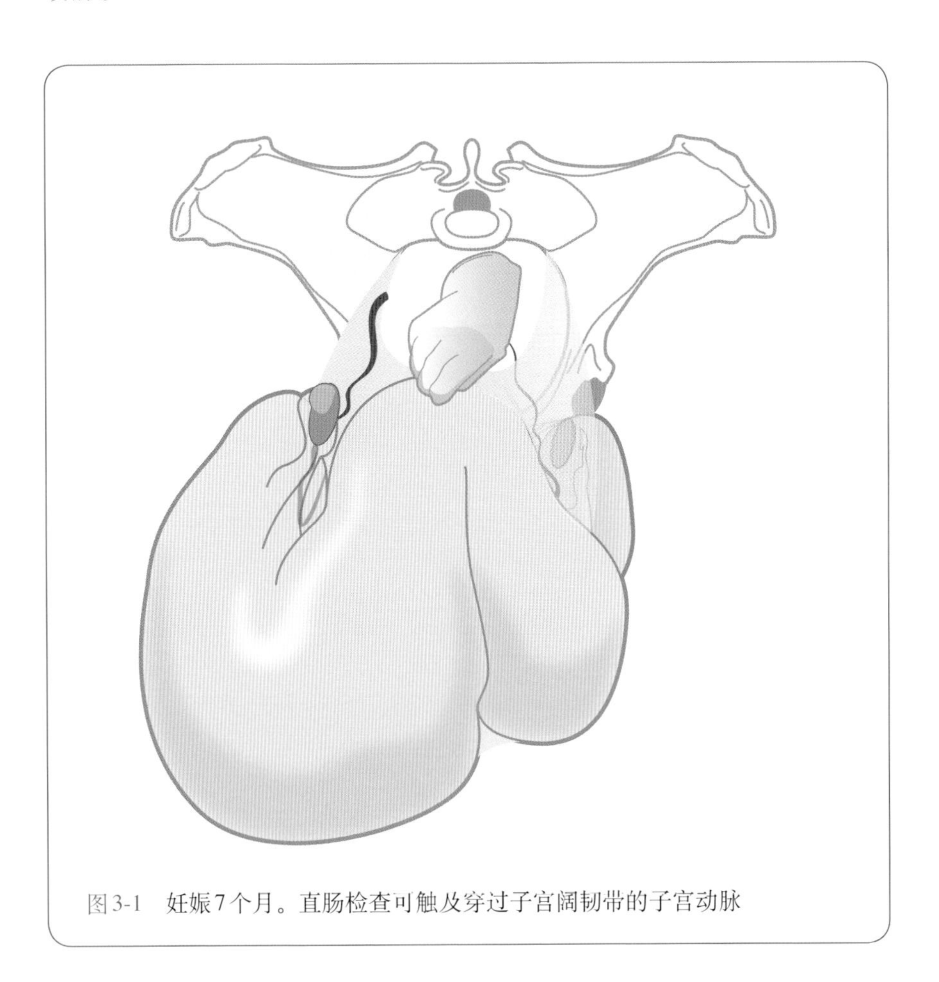

图3-1　妊娠7个月。直肠检查可触及穿过子宫阔韧带的子宫动脉

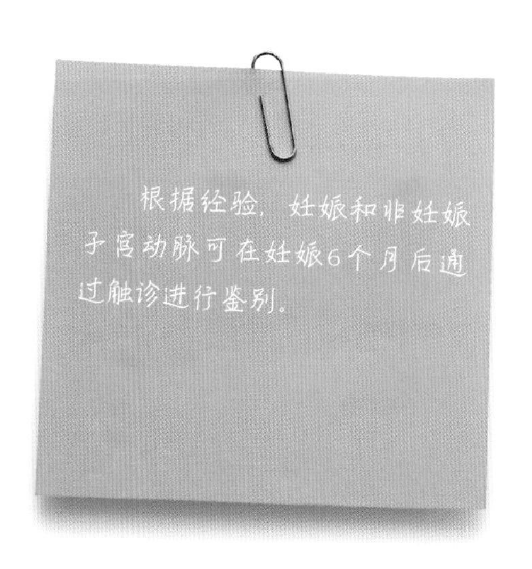

月。如果可以触及两条动脉，应记住妊娠子宫角动脉与非妊娠子宫角动脉之间的关系如下：

妊娠子宫角动脉	非妊娠子宫角动脉
6个月	4个月
7个月	5个月
8个月	6个月
9个月	7个月

因此，在不能充分触及双侧子宫动脉的情况下，或当现有数据不足以确认妊娠状态或分期时，建议谨慎诊断妊娠情况。初诊结果在后期总是可以进行修正的。

例如，当无法获得正确的数据或检查不正确时，妊娠7.5个月的奶牛可能看起来像刚妊娠5个月以上，这会导致干奶期不准，或错误地提示妊娠问题，从而导致错误的决定。

在某些情况下，双胎妊娠也会引起混淆，特别是在对妊娠第一次检查时不易发现。在这些情况下，两个黄体在相同或不同的卵巢中发育。当两个胎儿在同一个子宫角内时，供应妊娠角的动脉直径可能大于正常直径。相比之下，当两个子宫角都怀有胎儿时，两个子宫角的直径通常相似。评价妊娠阶段时，这些特征可能导致混淆。动脉直径的测量具有高度主观性，因此该数据不值得量化。此外，奶牛的体况和肥胖程度会影响可触及动脉的难易。当进行妊娠检查时，总是会出现一些特例和困难，如既往剖腹产引起的子宫粘连、脓肿和子宫肌瘤等。如果农场遵循适当的记录保存方案，这些异常应记录在动物的生殖档案中。兽医应进行全程妊娠诊断检查，同时参考相关动物的生殖档案和病史。

3.1.2 妊娠相关疾病

有必要注意妊娠母牛相关疾病，如木乃伊胎、流产和产前子宫扭转。

3.1.2.1 木乃伊胎

兽医在对奶牛进行特定的生殖检查时，或在常规农场巡视期间偶然会遇到这类情况。

3.1.2.1.1 诊断

根据胎儿木乃伊化所处的阶段，首先应在直肠检查时，通过轻轻牵拉宫颈以提起子宫的相对容易程度来判断是否发生木乃伊化。胎儿发生木乃伊化的情况时，由于液体损失，子宫重量低于正常，子宫壁更光滑，无法感觉到正常妊娠时的典型子叶。一般情况下，兽医可以直接触摸胎儿（由于周围没有液体），可发现胎儿缺乏生命体征。此时虽然仍可能检测到妊娠子宫角一些残留子宫动脉的脉搏，但子宫动脉的直径比预期要小。

3.1.2.1.2 治疗

应从经济学角度评估奶牛状况，同时考虑泌乳天数、产犊数量和遗传价值，以及可能导致木乃伊胎的潜在感染因素。

如果决定屠宰奶牛，所获得的肉类原则上可供人食用。

如果决定对奶牛进行治疗并再次尝试使其妊娠，则应给予前列腺素，并监测效果。在某些情况下，木乃伊胎小到足以落入阴道。因此，应在前列腺素治疗后的2 ~ 5d对奶牛进行检查。10 ~ 15d后可能需要重复治疗。一旦选择治疗，应使奶牛尽快再次受孕。

> 对于处于妊娠中期的母牛进行妊娠诊断时，需对触诊胎儿、卵巢和子宫的结果进行评估。当得到临床历史数据和其他可用记录的支持时，该信息更可靠。

3.1.2.2 流产

通常，当妊娠母牛表现异常、紧张、阴道流出液体时，或当胎儿可见时，农场主应联系兽医。

3.1.2.2.1 诊断

流产原因有多种。流产也可能是疾病的一个征兆。

首先，兽医应评价奶牛的一般健康状况，然后建议进行阴道检查，以确定子宫颈扩张的程度以及胎儿是否处于难产位置，若存在这种情况，应将其复位。流产早期，子宫颈通常是关闭的。对这些病例进行直肠检查，发现子宫张力增加，因与流产相关的前列腺素释放增加，子宫壁比正常更紧。还应评价胎儿或子宫气肿。如果发生子宫气肿，则很难挽救母牛的生命，因此要对其进行仔细评估。

3.1.2.2.2 治疗

通常，奶牛流产后立即扑杀所得的牛肉不能为人们所用。因此，对于要发生流产的奶牛应先排出胎儿、对奶牛进行隔离与治疗，然后对母牛是否会再次妊娠进行评估。还应考虑其他因素，包括泌乳天数、产犊数量和遗传价值。要查明引起流产的可能原因。

一般治疗包括：

- 用抗生素和前列腺素治疗。
- 监测并每6 ~ 8h检查母牛，必要时取出胎儿。

在胎儿发生气肿的情况下，治疗成功率较低，兽医通常进行人工取胎，但通常是非常费力的。在这些情况下，母牛再次妊娠的可能性极低，故一般将其送至屠宰场。只有在子宫壁没有气肿征象时才应进行剖腹产，因为气肿导致腹膜被胎儿和污染物所污染的风险增大。

简而言之，最好的方法是先保住母牛的生命，随后可以将其出售，母牛的肉可在停药期结束后食用。

3.1.2.3 产前子宫扭转

产前子宫扭转一般发生在妊娠7个月后，这时母牛尚未接近分娩。

3.1.2.3.1 诊断

通过评估奶牛症状和病史进行子宫扭转的诊断。检查时，奶牛通常会表现不安、食欲不振、心动过速、疼痛、紧张、绞痛，如果奶牛仍在泌乳，则产奶量会骤然下降。

对母牛进行阴道和直肠检查后，兽医应能够定位扭转部位：

- **宫颈前扭转**：扭转发生在子宫内容物和宫颈之间。这种情况会导致胎儿窘迫。阴道和宫颈相对松弛，有时诊断可能非常困难。
- **宫颈后扭转**：扭转发生在宫颈后，明显影响阴道。宫颈入口偏向扭转侧，张力引起阴道皱襞形成。

宫颈后扭转可通过阴道检查确诊，宫颈前扭转可能会被忽视。

宫颈前、后扭转均可通过直肠检查确诊。这是检测宫颈前扭转最可靠的方法，因为可以正确评价子宫阔韧带的张力。此外，直肠检查可提示胎儿或子宫壁的扭转程度和可能发生的气肿。

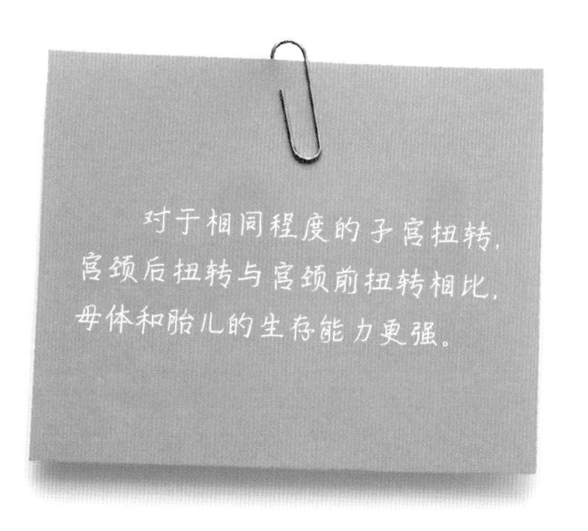

3.1.2.3.2 治疗

本节讨论了一些针对子宫扭转的解决方案，但没有叙述针对这种特殊情况的具体治疗方法。成功治疗未产犊奶牛子宫扭转的可能性一直很低（预后不良）。重要的是，首先向农场主和有关人员通报情况。

- 如果奶牛尚未产犊，则不应滚动，因为无法充分抓取或拉动胎儿。
- 剖腹手术是唯一的解决方案。然而，只有在早期诊断出扭转且未观察到子宫的明显改变时，才应采用此方法。解决根本问题是不可能的，因而最好的结果是矫正扭转（图3-2）。由于针对子宫和胎儿的操作有一定的风险，该手术并非没有并发症。在手术过程中，应评估胎儿活力；允许兽医决定是否通过剖腹产（如果死亡）来取出胎儿（图3-3）。应提前告知农场主可能的手术风险。
- 如果兽医确定了导致扭转的因素（例如跛行、使奶牛不能舒适地从地上站起来的围栏限制），则最佳选择是将奶牛淘汰为肉牛（需相关立法允许）。
- 兽医应尝试通过剖腹手术矫正子宫扭转，直至观察到韧带和血管完全松弛。最后，应给予抗生素，预防休克，并给予奶牛休息和恢复的时间。

图3-2 产犊前（妊娠8个月）患有宫颈前扭转的奶牛。由于动脉和静脉循环受损，可观察到子宫（妊娠子宫角）发绀。在这种情况下，兽医决定进行剖腹产，以挽救奶牛

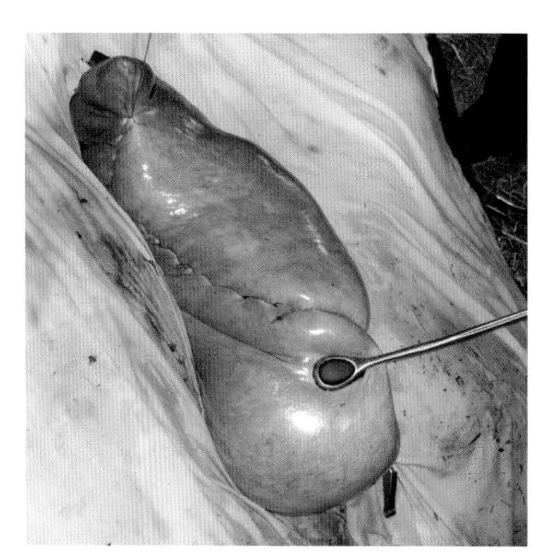

图3-3　剖腹产后解除子宫扭转的病例。注意子宫壁血流的恢复，但浆膜尚未恢复至正常外观

3.2 分娩

奶牛分娩后开始泌乳。这对于农场主和兽医来说都是一个紧张的时期，因为它标志着一个阶段的结束和另一个阶段的开始，这一时期管理的好坏将决定初产母牛和经产母牛整个生产阶段的成功与否。分娩时要保持奶牛良好的健康状况需要做大量的工作，这一关键时期的奶牛管理可显著影响奶牛的泌乳曲线（图3-4）。奶牛在围产期发生疾病的比例也最高。

3.2.1 分娩生理学

3.2.1.1 激素变化

妊娠期间通过胎盘和卵巢的分泌物维持的黄体酮水平在产犊前数小时急剧下降。

雌激素水平在整个妊娠期间逐渐升高，但在妊娠最后一周出现更明显的升高，在分娩前2d达到峰值。雌激素促进子宫肌层的发育和肌动球蛋白的合成，促进分娩期间子宫收缩。这些激素还使奶牛产道松弛，弹性增加，为分娩做好准备。

奶牛分娩前约24h，胎儿和胎盘之间的相互作用、子宫肌层的变化和雌激素水平的进行性升高引发了激素生成的级联反应，使肾上腺皮质激素和催乳素的浓度升高。反过来，这两种激素刺激天然前列腺素松弛素和催产素生成增加，从而促进分娩（图3-5）。

3.2.1.2 分娩阶段

3.2.1.2.1 准备期（持续时间：2～8h）

准备期涉及最终的激素变化，发生在胎儿产出前24h内。奶牛可能会感到焦躁不安，特别是当它在不熟悉的环境中时。妊娠奶牛对周围环境、同伴和人员的变化高度敏感。

图3-4 初产母牛及其吸吮初乳的犊牛健康状况均良好

图3-5 母牛处于预产期，产犊将在36h内进行

3.2.1.2.2 开口期（持续时间：2 ~ 6h）

在此阶段，子宫开始收缩，胎儿旋转或改变其体位以通过产道；在子宫颈扩张开始前，胎儿通常已经在子宫内倾斜。胎儿在羊膜囊和尿囊内旋转并伸展头部和四肢，使其朝向产道。子宫颈呈楔形，可容纳胎儿头、前肢蹄和小腿等，并从子宫侧向阴道侧逐渐扩张和开放，最终形成连接子宫和阴道的单一通道。

对于初产奶牛，即使是在进入阴道分娩的情况下，该通道的最后部分也会轻微阻碍胎儿的排出，因为阴道前庭的弹性通常低于经产母牛。

值得注意的是，胎儿的后部先露减少了胎牛头部对子宫颈的“楔形效应”。在实践中，后位分娩（倒生）通常被称为难产。倒生的胎儿活力降低；脐带通常以异常方式破裂，阴道腹膜稀少。在这些情况下，脐尿管未闭的风险增加，导致血管损伤，并可能引起感染。与正生相比，倒生病例更需要兽医协助分娩，而且取出技术也更为复杂。

3.2.1.2.3 胎儿娩出（持续时间：0.5 ~ 2h）

在此阶段，胎儿在子宫内完成旋转并向宫颈移动。产道中犊牛的存在对母牛宫缩的强度和频率有刺激作用。胎儿的伸展运动开始于扩张过程。胎儿后肢的这些运动可能导致母牛出现子宫脓肿、粘连和子宫炎，这些在产后检查中有时会被发现，即使是在产犊期间不需要帮助且没有经历胎盘滞留或子宫炎的健康奶牛也是如此。

分娩体征

正常分娩过程中因激素变化会导致奶牛出现某些身体变化：

- 外阴、会阴或乳房水肿（图3-6）。
- 骨盆肌肉和耻骨联合松弛，使产道软化，胎儿容易通过。
- 这一变化，加上胎儿的下降，使腹部呈梨形，并导致臀部肌肉放松。
- 乳头池扩张。这种变化通常在经产母牛中最容易被识别，因为在初产母牛可能由于出现水肿而被掩盖。该临床体征表明奶牛将在12h内产犊。

图3-6　产前外阴和乳房水肿。该奶牛一直处于右侧卧位，因此左侧水肿更明显

在任何情况下，应将分娩的所有典型临床体征作为一个整体进行评估。

正常情况下，尿囊和羊膜囊先排出，然后露出胎儿。一般，尿囊和羊膜囊因外阴压力和母牛的宫缩而破裂，但在某些情况下必须人为手动破裂，特别是羊膜囊。另一种情况是，尿囊和羊膜囊可能在子宫内破裂，这种情况几乎总是与难产有关。

除难产外，母牛一般在胎儿娩出之前卧下。侧卧位时，腹肌有效施力，地面支撑髋关节。奶牛的耻骨联合在产犊时通过激素的作用而分离，降低了髋关节的稳定性。

奶牛躺在哪一侧对于成功分娩非常重要。在奶牛开始分娩前（生理上，正生），胎儿将在子宫内略微向右或向左倾斜；奶牛将躺在胎牛倾斜的一侧，使母牛和小牛的脊柱平行。该位置有利于胎儿头部向骶骨外侧推进，避开骶骨嵴，并允许最大限度地利用产道的全部宽度。倒生也是如此：小腿、臀部斜行进入产道。在辅助这类分娩时，应交替对胎儿每条后肢施加牵引，先将一侧臀部向前移动，然后将另一侧臀部向前移动。在进行动作时使母牛卧下很重要，因为这可以降低髋关节脱位的风险。

由于阴道口狭窄，初产母牛的胎儿排出时间较长。

3.2.1.2.4 胎盘排出（持续时间：2～12h）

胎盘排出后分娩才结束。在胎盘排出之前，助产人员应保持警惕，保持周围环境清洁，并小心处理母牛（图3-7）。

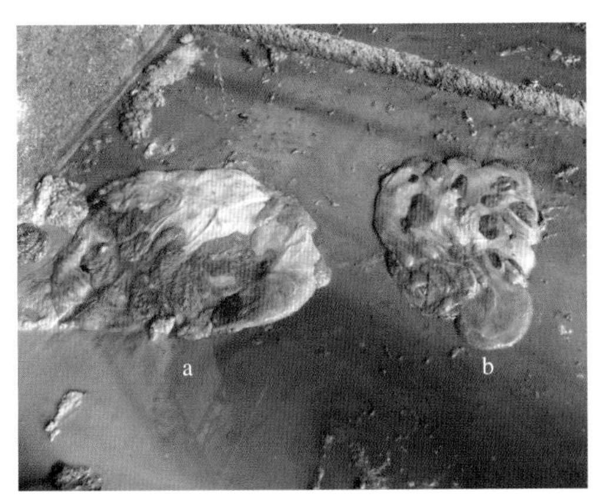

图3-7 胎盘排出的罕见病例。妊娠子宫角的胎盘（a）与非妊娠子宫角的胎盘（b）相区别。注意两个子宫角子叶的大小和直径的差异

根据参考书目中胎盘排出时间变动较大的数据，胎盘排出的时间长短差异很大；任何难产或并发疾病都会影响胎盘的排出。此期开始于胎儿排出前数小时，伴随着准备期的激素变化，激素可引起子叶和肉阜间附着点发生生理性缺血。

3.2.1.3 产褥期（产后早期）

一旦胎衣被排出，母牛子宫复旧开始；宫颈在24h内几乎完全闭合，产后4～6d，子宫体积缩小至原来一半。产犊后数小时，奶牛开始排出羊膜囊和尿囊中的剩余液体（恶露）。此后，羊膜囊和尿囊的恶露排出变得不那么频繁。恶露由渗出物和子叶的残余物组成，主要在产后的第10～12天排出。这些排泄物浑浊，颜色可能不同（取决于是否存在子宫炎）（图3-8至图3-12）。如果奶牛并发感染，恶露的颜色和质地可能存在相当大的差异。当产后母牛健康状况良好时，子宫应表现出良好的收缩力。

这一时期非常重要，许多研究已经提出产奶后头几天产奶量的递增与奶牛未来的产奶量和繁殖率之间存在正相关。

3.2.1.4 分娩禁忌

- 分娩即将开始时应避免打扰奶牛。分娩时对奶牛进行的任何改变都可能造成应激，如果在分娩临近时发生，应激更大。因此，应根据某些标准程序，避免在此期间造成对母牛身体或环境的重大干扰。采取的措施应确保母牛能在熟悉的环境中产犊。妊娠舍附近的设施可用于助产，但应避开混

恶露类型

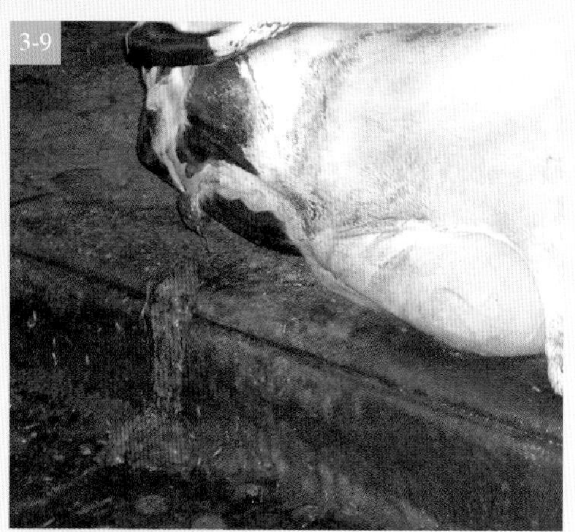

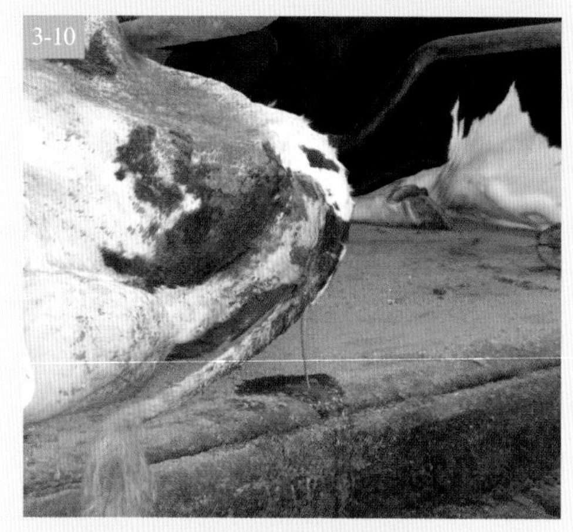

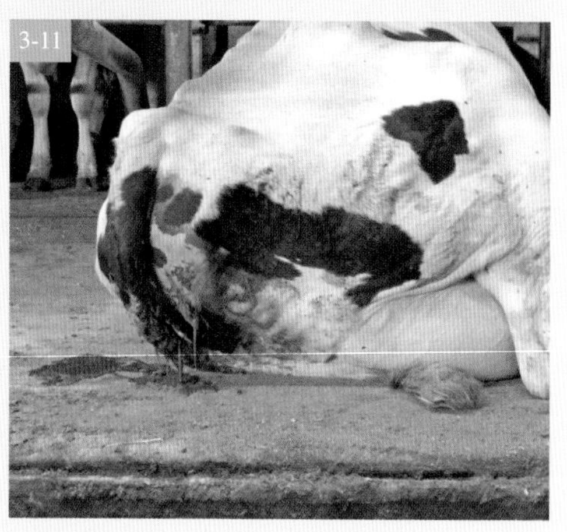

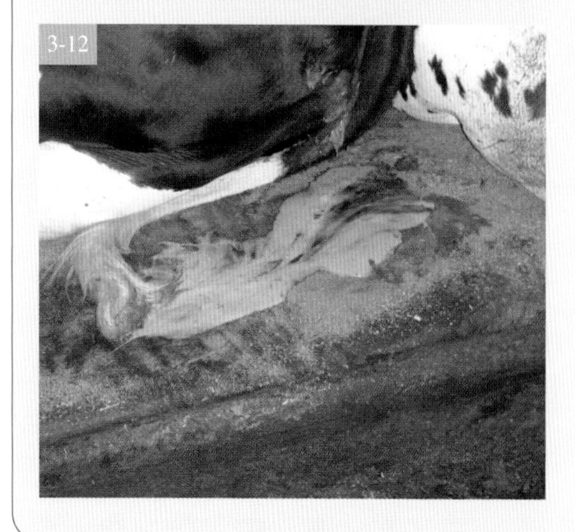

图3-8 奶牛产犊后3d，排出恶露

图3-9 奶牛产犊后3d，排出含有血液的浓稠恶露

图3-10 奶牛产犊后9d，排出外观健康、相对稀薄清亮的恶露

图3-11 奶牛产犊后10d，排出含有血液的浓稠恶露

图3-12 奶牛产犊后11d，排出白色恶露（子宫炎）

注意

在产后早期仔细监测母牛是很重要的。从生理学和经济学的角度来看，就未来生产力而言，产后早期是一个关键而微妙的时期。更好地管理产后母牛可以建立更有效的预防或补救措施，最终提高奶牛的盈利能力。

乱的环境。切记，直到母牛排出胎盘，产犊才结束。

- 必要时，对母牛进行监控并在产犊期间提供帮助是很重要的。产犊应该在一个可以让工作人员容易监控的区域，又不会对奶牛造成不必要的干扰。应避免仓促或过度操作。
- 产犊区必须清洁。奶牛产犊区应干净、宽敞、舒适和安全（有防滑地板），并应做好适当准备，以满足新生牛犊的需要。如果奶牛在产犊时需要帮助，应始终使用合适的清洁材料（如产犊绳、润滑剂），并提供干净的水。不建议使用家庭用油或清洁剂。

3.2.2 难产

任何改变正常分娩的生理因素都可能引发难产。

3.2.2.1 难产的母牛或胎儿问题

3.2.2.1.1 胎儿过大

如果胎儿过大，兽医应进行评估，决定是进行强制引产还是剖腹产。当过大的胎儿难以进入产道时，剖腹产应该为最佳选择。如果胎儿在通过母体骨盆的过程中胸腔受到强大的压力，它可能会遭受严重的胎儿窘迫，导致生存能力非常低。我们建议剖腹产的比例可适当提高，以避免这种潜在的结果。不管犊牛的价值如何，兽医做出的错误决定可能会危及奶牛的产奶量。

3.2.2.1.2 初产母牛

即使小牛的蹄和鼻已露出来，也不建议急于对胎儿进行助产。然而，兽

医必须保持警惕。有时，胎儿可能需要帮助通过母体前庭和外阴形成的环。通常，用合适的材料轻轻地牵引就足以取出胎儿。但是，如果有母牛会阴撕裂的危险，建议进行会阴切开。在许多情况下，突然的操作可能导致奶牛的功能性改变（例如，阴道前庭顶部的刚性丧失）。这反过来又会引发会阴撕裂或阴道积气等情况（见案例5.1和案例5.2，第117和121页），影响产后母牛的恢复甚至随后的泌乳。此外，在母牛开始产奶并产生经济效益之前，由于对胎儿的不当处理可能会导致母牛的不孕不育。

3.2.2.1.3 倒生

当胎儿出现倒生时，应该按难产处理。在这些情况下，最好的结果是产道以臀位接收胎儿。与正生相比，倒生胎儿对子宫的压力降低。

一旦证实了胎儿的分娩以及母牛和小牛脊柱纵轴之间的关系，建议将母牛放在适当的一侧，继续取出胎儿。常用绳索来辅助分娩。胎儿每条腿上系一根绳子，交替施加牵引力以提升小腿、臀部。

倒生与正生相比，胎儿存活率较低。产犊后，应将小牛直立放置，以便于在重力作用下清除呼吸道分泌物，而不依赖于使用心肺类药物的支持。

3.2.2.1.4 产犊异常

一整本书可以单独写这个主题。我们推荐阅读弗兰兹·贝尼希的《兽医产科》中的“产犊异常”章节。

近年来，产犊异常的诊断和药物以及外科治疗方法有了很大的改进。相对而言，奶牛分娩阶段仍然依赖于很久以前制订的接产规程（图3-13）。

分娩伴子宫扭转

此类难产比较常见。虽然母牛准备分娩，但子宫颈无法扩张，胎儿也不会被娩出。在某些情况下，扭转只在产犊前几个小时被诊断出来，此时奶牛子宫颈

图3-13 由于畸形（胎儿头弯曲）造成的难产。这种难产是通过用绳子固定小牛的下颌来纠正的，随后用绳子将胎儿取出

不能扩张或排出胎儿，因为它在产犊时没有激素准备。

病因

- 牛栏和卧床太小。奶牛有时需要多次尝试才能站立起来。
- 不同种类的跛行，特别是前肢损伤。这种跛行会导致奶牛在站立之前，用膝盖支撑自己，并在这个位置上左右摇晃一段时间（图3-14）。
- 移动即将分娩的母牛。
- 分娩过程中胎儿突然转动。
- 干奶牛群中存在公牛。公牛会给刚到的母牛造成应激，它们可能会感到受到威胁。

症状

子宫扭转的奶牛可能会出现不同的临床表现，例如溢奶、乳头池充盈和不适症状（反复起立或卧下）（图3-15和图3-16）。奶牛也可能会拉伤和抬高尾巴的基部，并且经常感到绞痛（用头或四肢撞击自己的腹部）。

诊断

要诊断子宫扭转，必须了解：

- **如果母牛正在产犊**

应提前获得奶牛人工授精或自然交配的数据，并评估产犊迹象。在进行阴道检查时，兽医将能够确定子宫的受损程度，进而判断扭转程度。产犊时的激

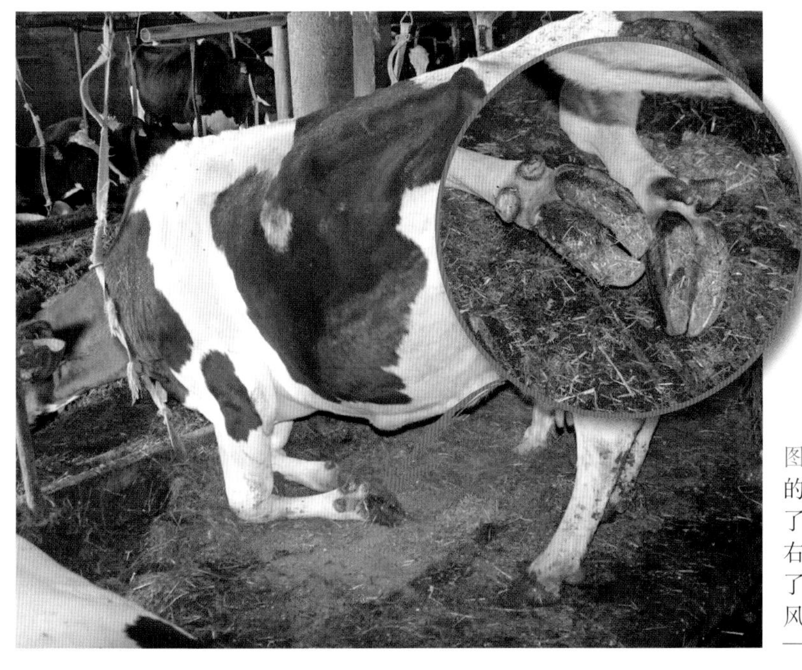

图3-14 前蹄发生溃疡的奶牛。这只奶牛跪了几分钟，在站立前左右摇晃。这种情况增加了妊娠母牛子宫扭转的风险

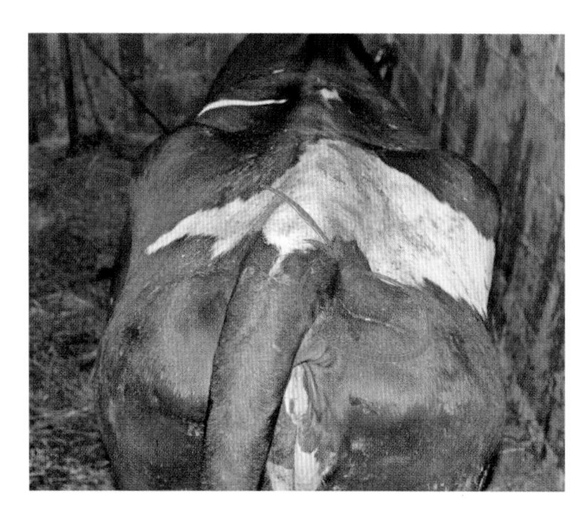

图3-15 难产牛逆时针方向子宫扭转（从后方看）。注意，由于扭转引起的子宫韧带和肌肉的张力增加，导致牛右侧的凹陷

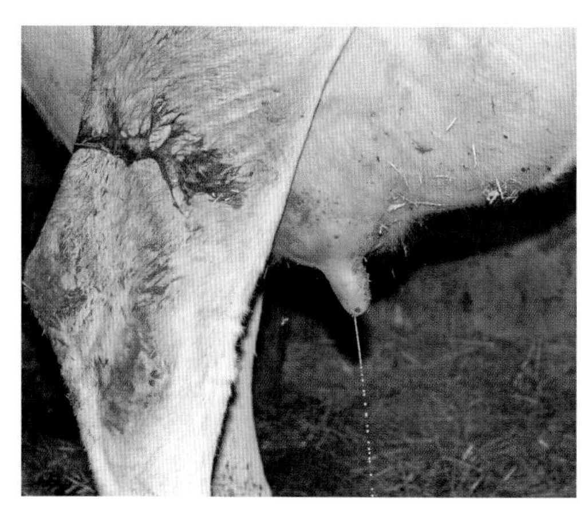

图3-16 溢奶。这种情况可发生在难产，产程延长时

素反应会引起产道软化，并有助于兽医的手进入子宫。即使是在子宫扭转的情况下，只要手通过阴道褶皱并相应地转动手腕，手还是能进入子宫内。

■ **扭转方向**

- **宫颈前扭转**：这种扭转发生在子宫的最高部位，在子宫颈之前。这种类型的扭转对母牛和胎儿的生命威胁最大，因为它减少了胎儿在子宫内的可用空间。与其他类型的扭转相比，相同程度的宫颈前扭转对血液循环的影响更大。宫颈前扭转也更难诊断；如果宫颈没有大的移位，在阴道检查中可能会被忽视，因此有必要通过直肠检查发现子宫扭转。无论使用何种方法，确定扭转方向（从后面看，顺时针或逆时针）对于解除扭转都是很重要的。
- **宫颈后扭转**：这种类型的扭转发生在宫颈后部，也影响阴道，因此通过阴道检查更容易诊断。为了在阴道检查时到达子宫，兽医必须转动他的/她的手（像一个螺旋塞）并遵循旋转的方向。阴道动脉位于阴道底部。宫颈后扭转可导致阴道动脉移位；在向左扭转的情况下，右阴道动脉将因子宫扭转而位置升高（在向右扭转的情况下，反之亦然）。根据扭转的程度，阴道检查时通过阴道进入子宫的通道可能受损，因此建议直肠检查。

■ **扭转程度**

子宫扭转可能涉及不同程度的扭转角度（90°、180°和270°）。扭转程度不同会阻碍从阴道进入子宫进行扭转的诊断。在旋转90°的情况下，兽医的手通常可以很容易地通过子宫颈进入子宫，这种类型的扭转，即使在分娩前几个小时才被 诊断出来，在娩出胎儿的阶段也可以通过翻转母牛而自行解决。无论如何，扭转的程度越大，母胎循环的损伤就越大，解决起来就越困难。阴道和直肠检查可以显示韧带的张力水平（图3-17），帮助兽医确定扭转程度。

治疗

每个病例的治疗都取决于诊断和兽医是否能有足够的体力解决问题。

- **经阴道扭转解除术，包括旋转胎儿及其所在的子宫角。**兽医应始终以与扭转相反的方向工作，即在逆时针子宫扭转的情况下（从后方看），胎儿应顺时针旋转。最好不要使尿囊或羊膜囊破裂，但在许多情况下这是无法避免的。
  - **如果胎儿呈纵向和头位，兽医必须旋转其小腿，同时支撑其**颈部。这个动作需要力量和技巧。这可能有助于用绳子固定犊牛的下颌，将头部拉向子宫颈的入口；也可能有助于使其

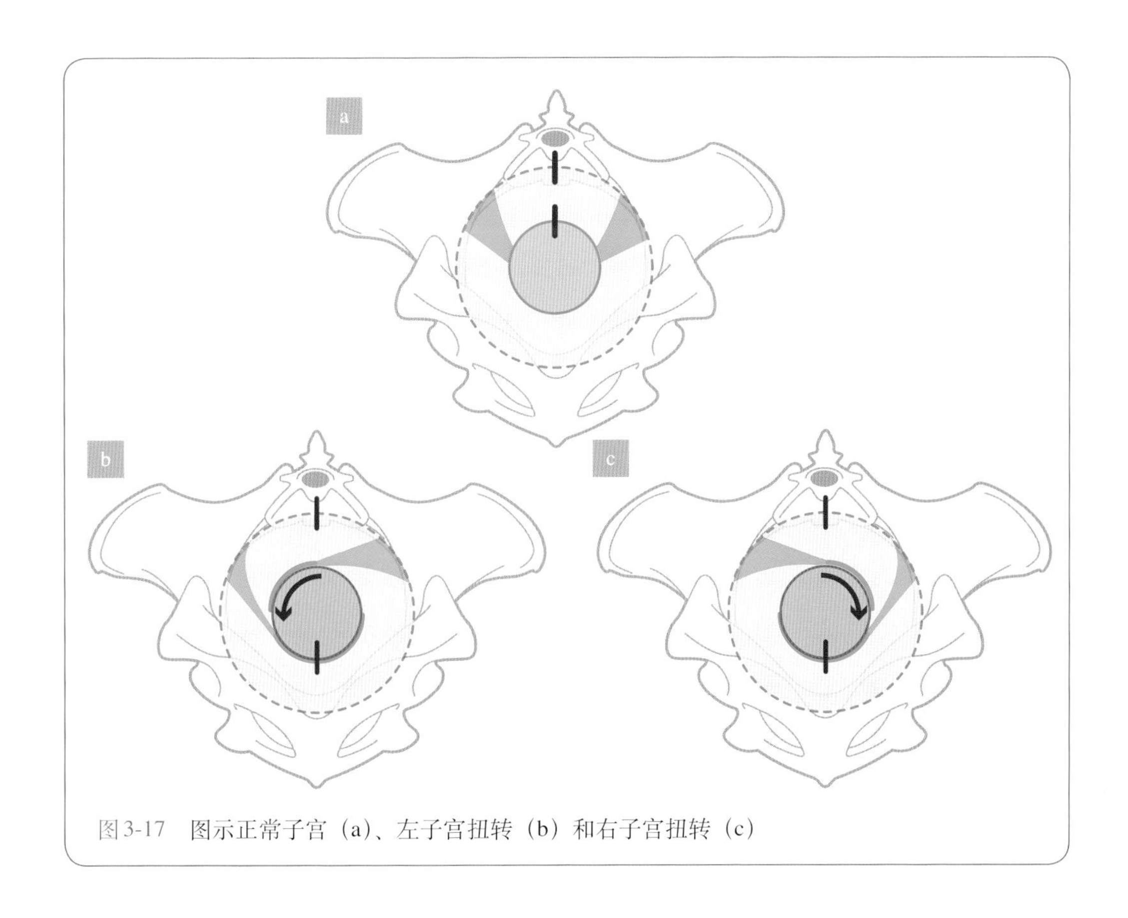

图3-17 图示正常子宫（a）、左子宫扭转（b）和右子宫扭转（c）

中一个前肢外露，但在其他情况下，肢体必须向后用力并弯曲，以便对小牛头部施加压力。另一个有用的方法是，用木板在母牛腹部外侧向上施加压力，或者让两个人蹲下（每侧一个人），用背部支撑母牛的腹部。没有两个子宫扭转是相同的，成功解决的方法可以有很大的不同。应保持牵引力，直到胎儿小腿、脊柱通过母牛的白线，此时张力减弱。纠正扭转后，兽医必须进行助产。根据母牛宫颈的扩张程度，应取出胎儿（首先促进宫颈扩张），或允许生理扩张，2h后复查情况。分娩通常在扭转解除后顺利进行，除非不是因扭转引起的难产。在出现子宫扭转的情况下，在胎儿娩出后需要立即清理其呼吸道。

监测子宫颈的张力是很重要的，因为子宫颈很容易破裂。匆忙取出胎儿会引起子宫脱垂。

■ **如果胎儿为倒生**，兽医应抓住胎儿小腿的后部并尝试旋转。通常，在施加旋转力时，有必要系紧最下面的后肢，以防止小腿向腹部移动。当胎儿出现在后位时，子宫扭转的解除更加复杂，因此扭转解除过程应该比前位更加小心。

■ **滚动法**

如果兽医不能通过阴道纠正前蹄的位置，他/她可能不得不采取滚动母牛的方法。这种解决办法可以从一开始就采用。滚动法包括固定胎儿的某些部分（四肢、头或两者）并滚动奶牛，使胎儿绕子宫旋转，子宫由于外部对胎儿施加的牵引力而保持固定和不动（图3-18）。

在确定扭转方向（从后面看）之后，应小心地将奶牛放在扭转位置的一侧。例如，如果扭转的方向是逆时针方向，则应将奶牛进行左侧位保定，并有良好的床上用品。前肢和后肢的捆绑方式应使奶牛腹部不受任何压力，并在其小腿上系上一根绳子。下一步，牛被转向扭转部位，并通过阴道或直肠检查评估结果。如果不成功，应再次滚动，并重新评估扭转程度。这些病例所需的产后护理与其他难产病例相同。

■ **剖腹产**

如果扭转不能人工纠正，或者纠正后难产仍无法解决（扩张不足，胎儿不均衡），则应进行剖腹产。

当进行剖腹产以解决子宫扭转时，除了标准的手术预防措施外，必须极其小心地处理子宫，因为子宫受到压力后变得非常脆弱。当试图解决子宫扭转时，建议在几个点支撑子宫。不建议使用手指，因为子宫可能会撕裂；而是使用手背、拳头或前臂。在纠正子宫位置后，兽医可以继续手术，并最终彻底检查子宫和缝合切口。

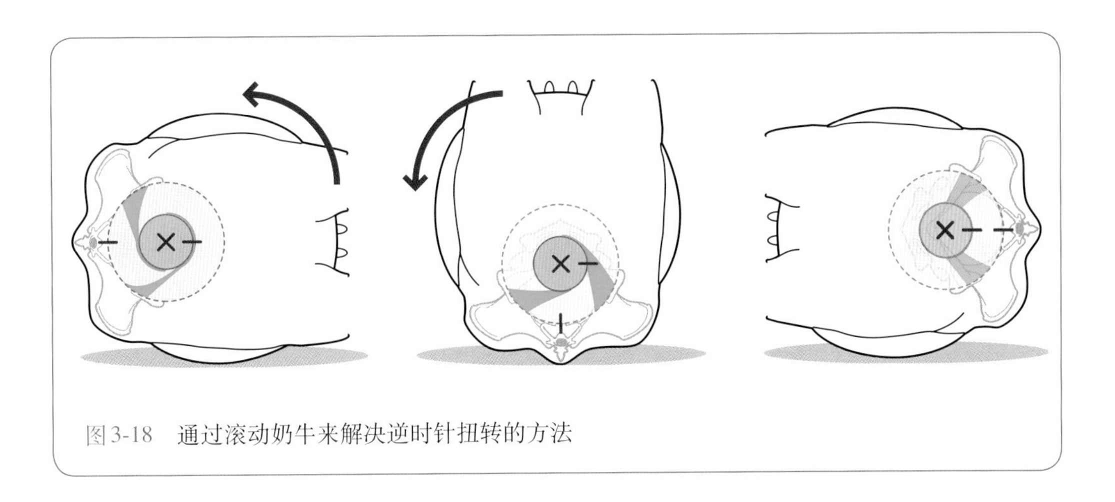

图3-18 通过滚动奶牛来解决逆时针扭转的方法

3.2.2.1.5 母体疾病

母体疾病可直接或间接导致难产。

低钙血症

临床低钙血症可能出现在产犊前，但亚临床低钙血症可能已经出现在分娩的早期阶段。

由于钙与子宫收缩直接相关，低钙血症可导致奶牛子宫收缩不良。此外，根据低钙血症的程度，奶牛可能难以站立。在分娩的早期阶段，母牛常常会反复地站起来和卧下，以便能将胎儿娩出。

乳腺炎

在妊娠阶段，乳腺炎的存在，无论是临床型的还是亚临床型的，对分娩都会产生明显影响。在分娩时，免疫抑制、水肿和乳腺炎，以及处理或安置不当，都可能导致急性乳腺炎（有或无毒血症），影响产犊的进程。乳腺炎可影响某些产程或导致胎盘滞留。在乳腺炎合并败血症的情况下，通常会发生早产，胎儿可能无法存活。另外，患有乳腺炎和毒血症的奶牛本身不太可能存活(图3-19)。

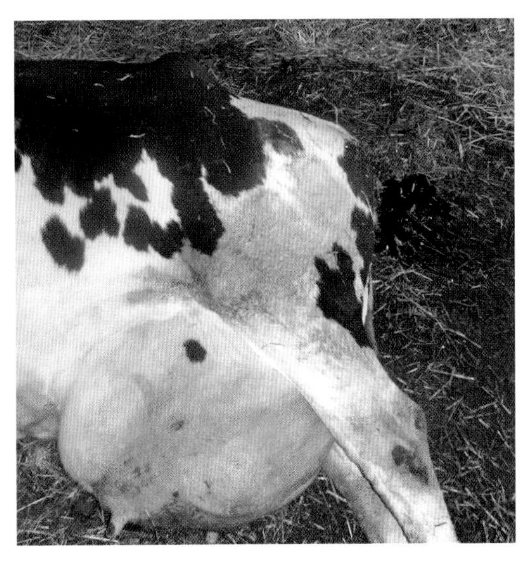

图3-19 在妊娠最后几天死于乳腺炎和毒血症的母牛。疾病症状为侧卧、乳房发绀和血样腹泻

跛行

应尽快解决奶牛的跛行问题，跛行会影响奶牛的正常采食，进而使它们的体况恶化，抵抗力下降。此外，根据跛行的类型，奶牛可能会采取不正常的姿势，这反过来又会促进其他疾病的发展（如皱胃左方变位、皱胃右方变位、关节问题、褥疮）。因此，跛行的妊娠母牛难产通常只是时间问题。

肥胖综合征

肥胖综合征可能是由于繁殖失败或处理不当引起的。这种综合征典型的过肥体况通常在干奶期奶牛身上出现，导致这些牛的繁殖率有显著的变化（产后间隔时间延长，干奶期长，或两者兼有）。患有肥胖综合征的母牛代谢发生显著改变，身体功能受损，肝脏脂肪过多，并可能患有其他疾病，如酮病和低钙血症。多数情况下，这些奶牛也会出现“奶牛卧地不起综合征”。

3.2.2.2 环境（设施和处理）改变引起的难产

为确保妊娠末期胎儿的顺利娩出，重要的是要避免母牛生活环境的突然变化，并在产犊前仔细监测母牛。协助产犊的人员必须有足够的能力和资格来运送小牛：

- 在妊娠和产犊期间对母牛的健康进行监测是非常重要的（采食量、体况、温度、瘤胃充盈度、粪便质量、乳房健康等）。
- 避免牛舍和牛群以及管理人员发生变化。
- 受影响的奶牛很容易发生应激，不应该受到攻击性的操作（不应大喊大叫或击打奶牛）。
- 指定的产犊区应设备齐全、清洁、通风良好、舒适、有干净的饮用水和防滑地板。此外，奶牛应易于接近，并允许对其进行非侵入式监测。至关重要的是，产犊和产后护理所需的所有材料应干净、事先准备好。

- 重要的是要有耐心，但也要知道何时干预，以防发生难产。在出现体位难产、子宫扭转或同时出现上述情况时，能迅速采取行动是很重要的。

3.2.3 何时怀疑及如何确认难产

当奶牛已经开始进入明显产程时，应更密切地监测奶牛，而不干扰其产犊过程。重要的是要监控：

- **乳头池扩张**。奶牛通常在乳头池扩张后6～12h产犊。
- **溢奶**。奶牛溢奶有几个与产犊无关的原因，例如压迫性水肿（常见于初产母牛）或各种原因引起的应激。溢奶发生在分娩的排乳阶段，即奶牛准备产犊时，但也可在子宫扭转和其他难产的情况下观察到（图3-16）。

如何发现难产

要确认难产，必须检查奶牛所有的基本信息和数据：年龄、产犊数、妊娠天数、母牛和公牛的品种、既往疾病等。还应仔细检查阴道，并通过直肠检查确认结果。应回答以下问题：

1. 有没有摸过宫颈？怀疑子宫扭转吗？
2. 宫颈部分或完全扩张？
3. 有没有闻到异常气味？
4. 尿囊在子宫颈和阴道之间能被触及吗？
5. 尿囊破裂了吗？是否进行过任何事先检查？
6. 胎儿有问题吗？
7. 能感觉到不止一个胎儿（即两条腿或一个头）？
8. 有胎盘前置的迹象吗？
9. 你能认出你在摸什么吗？
10. 母牛在产犊时有什么疾病吗？

■ **如果母牛不卧下或不停地站起来，这可能表示其不适和不安。**当观察到典型的产犊迹象，但奶牛不卧下时，即使是在舒适的环境中也不卧下，这通常意味着难产（如胎儿过大或畸形会困扰奶牛卧下）。还应评估可能的绞痛症状（奶牛会用头部或腿部撞击腹部）。尽快解决奶牛跛行问题是很重要的。

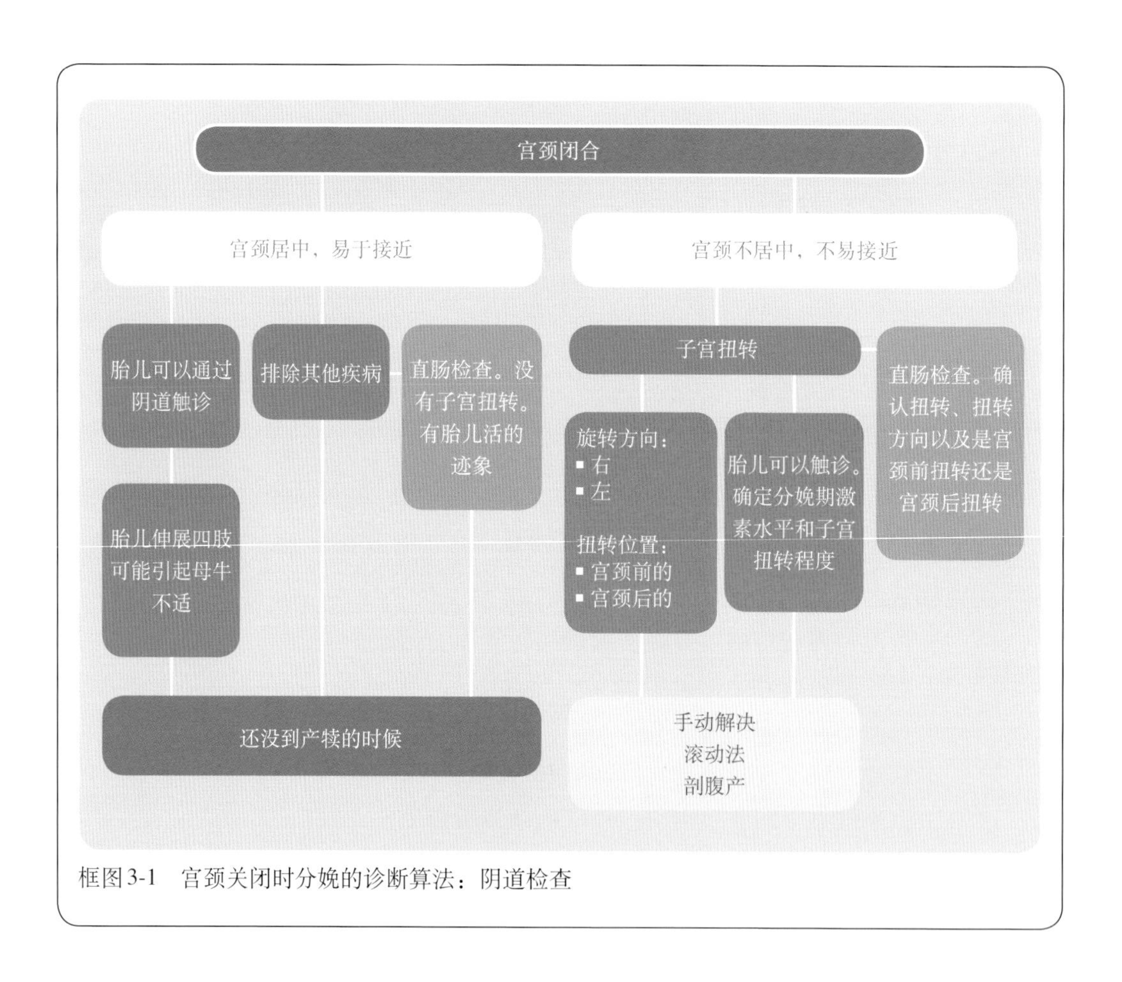

框图3-1　宫颈关闭时分娩的诊断算法：阴道检查

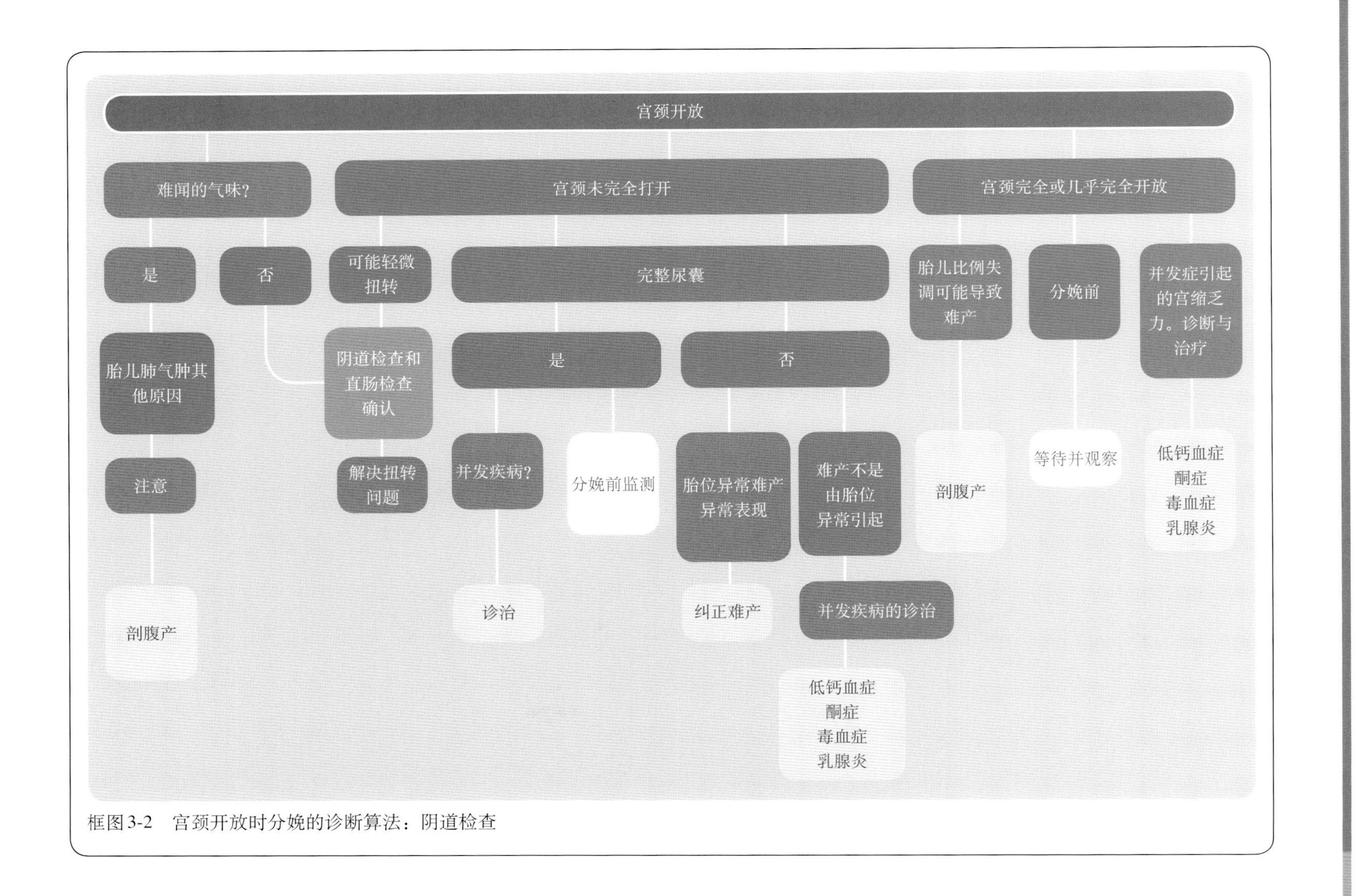

框图3-2 宫颈开放时分娩的诊断算法：阴道检查

4

营养与体况

4.1 日粮管理

奶牛围产期的饲养管理至关重要，为确保最大产奶量，在这一时期，应把奶牛视为“奢侈品”，并加以精心的管理。然而，情况并非总是如此。许多科技出版物都对饲养管理进行了讨论，并提出了各种不同的策略。

可将围产期母牛比作一架已经到达目的地的飞机，现在必须为下一次飞行做好准备。因此，奶牛会经历以下阶段：

- 停乳期：奶牛逐渐停止泌乳（即将进入干奶期）。
- 维持期：干奶期。
- 准备期：奶牛准备再次产犊和产奶。

显然，在干奶期，一头每天生产28L牛奶的母牛可以变为每天生产为0，只要保持其适当的体况，也能从干奶期回到泌乳高峰，每天泌乳超过60L，这与每天只生产10L牛奶的干奶奶牛准备达到每天泌乳30L的峰值是不同的。

4.1.1 干奶乳牛管理案例研究

案例1

这是一头高产奶牛。图4-1、图4-2和图4-3显示了三个泌乳期中两次泌乳而获得的产奶量（www.cowsulting.com）。

- 如图4-1所示，在超过400d的泌乳期中奶牛以29 ~ 30L的泌乳量结束泌乳。奶牛产犊后在泌乳的14周达到产乳高峰（约72L）。
- 图4-2显示了奶牛的泌乳曲线。如图4-3所示，案例1的奶牛生产水平远远高于农场中任何一组奶牛的平均水平。

案例2

本案例涉及一头中等产量的奶牛。图4-4显示了超过两个泌乳期中两次挤奶获得的产奶量（www.cowsulting.com）。

- 如图4-4所示，奶牛结束哺乳期时产奶量约18L，奶牛泌乳不足400d，在泌乳期第9周左右达高峰（38L）。

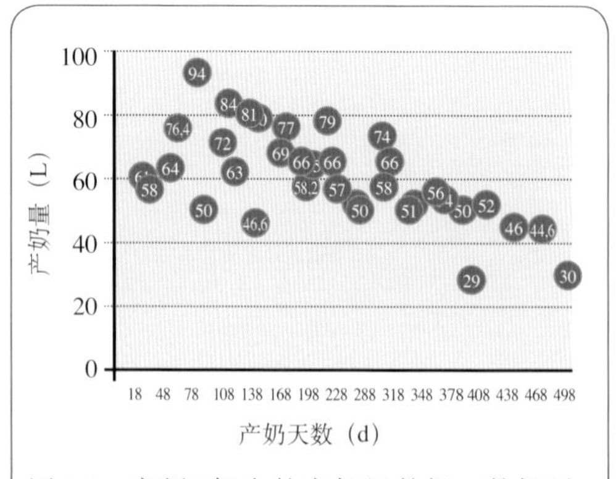

图4-1 案例1奶牛的产奶量数据。数据以点云的形式呈现，表示收集的产奶量与产奶天数呈函数关系（在所有泌乳期）

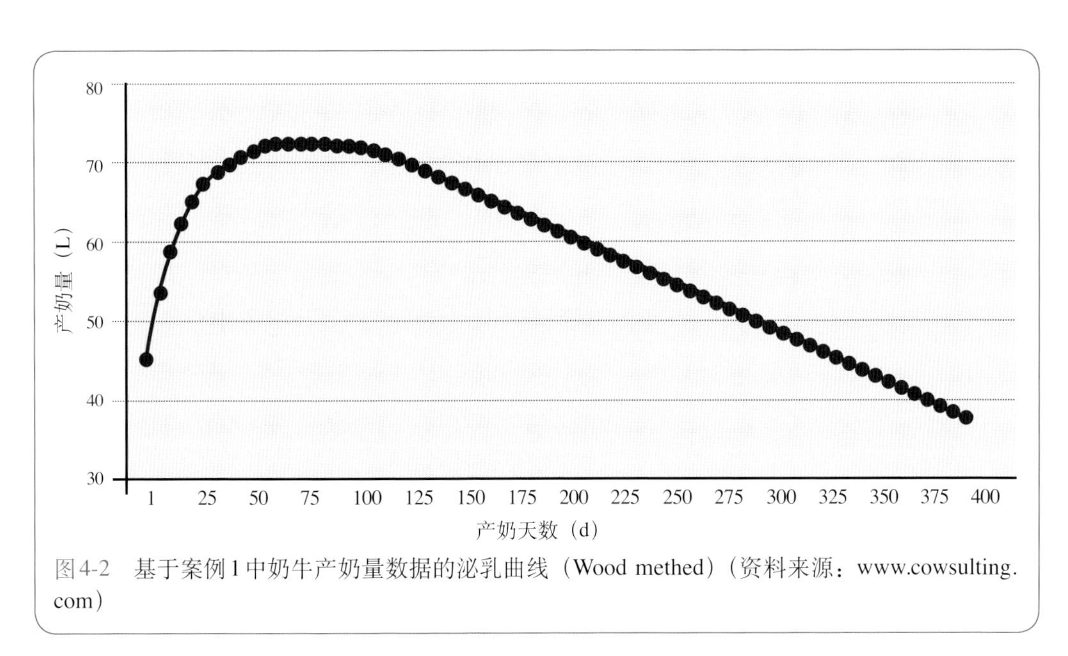

图4-2 基于案例1中奶牛产奶量数据的泌乳曲线（Wood methed）（资料来源：www.cowsulting.com）

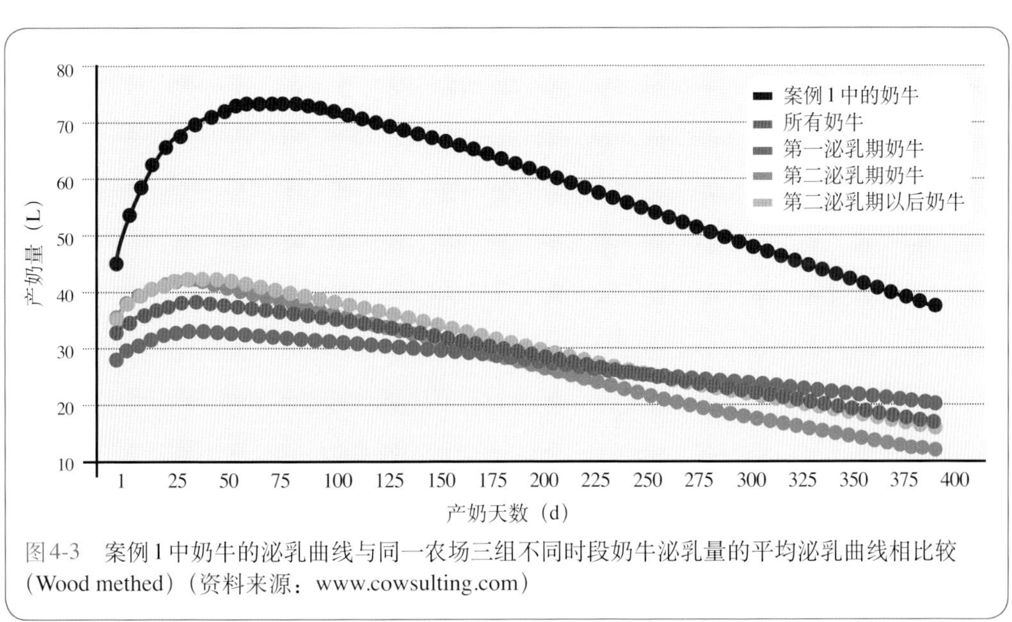

图4-3 案例1中奶牛的泌乳曲线与同一农场三组不同时段奶牛泌乳量的平均泌乳曲线相比较（Wood methed）（资料来源：www.cowsulting.com）

案例3

这个案例涉及一头低产奶牛。图4-5显示了三个泌乳期中两次挤奶获得的产奶量数据（www.cowsulting. com）。

■ 如图4-5所示，奶牛产奶不足14L和少于400d，在泌乳第13周达峰值（24L）。

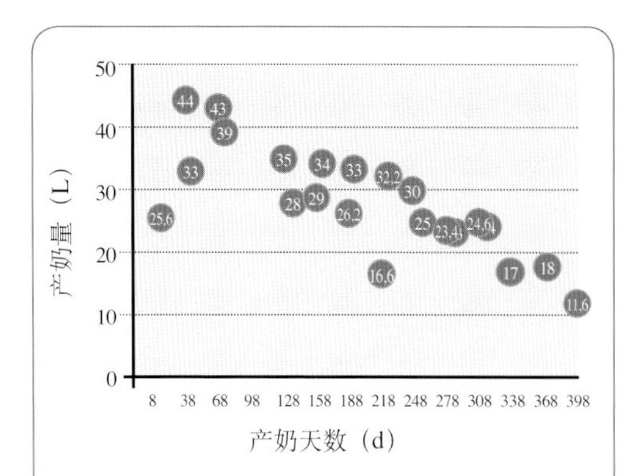

图4-4 案例2中奶牛的产奶量数据。数据以点云的形式呈现，表示收集的产奶量与产奶天数呈函数关系（资料来源：www.cowsulting.com）

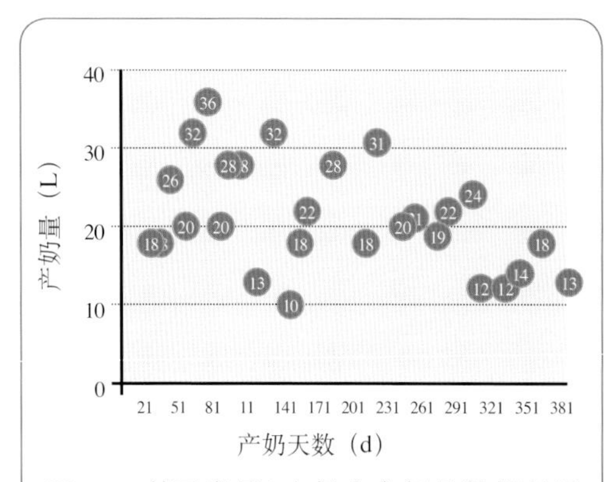

图4-5 基于案例2中奶牛产奶量数据的泌乳曲线（Wood methed）（资料来源：www.cowsulting.com）

这三个案例中的每头奶牛都来自同一个农场，平均每天产奶33.5L，在哺乳第9周达到平均38L的峰值。为了不拉低高产奶牛（案例1）的产奶数据，考虑到农场的标准差估计为9.49L，应根据43L的产量来计算（平均产量+标准差）。

然而，这种方法的缺点是浪费饲料和育肥的奶牛生产力较低（案例3）。

虽然科学家们提出了不同的策略来解决这个问题，值得注意的是，并不总是能够将试验场景推断为真实的案例，包括这里描述的案例。一般来说，科学家倾向于研究更极端的情况，而在实际的农场中，这些情况更难处理。

一头奶牛最初每天食用35kg玉米青贮饲料（含27%淀粉），随后在干奶期再食用干草和牧草，以促进玉米青贮饲料的消耗量，与每天食用22kg玉米青贮饲料（含22%淀粉）相比，这头奶牛将经历更大的生理变化。我们认为，理想的情况是干奶期开始至结束时日粮结构尽可能相同。

无论奶牛瘤胃菌群适应上述变化所需的天数是多少，饲料变化越小，奶牛的整体健康状况越好。

如果这些条件得到满足，奶牛的食欲会逐渐增加，这是最好的结果。人们普遍认为，产后疾病的发生一般是因为奶牛尚未完全从产后负能量平衡中恢复过来。因此，有必要分阶段逐步提高奶牛的采食量（图4-6），并为它们提供刺激采食量的美味饲料。

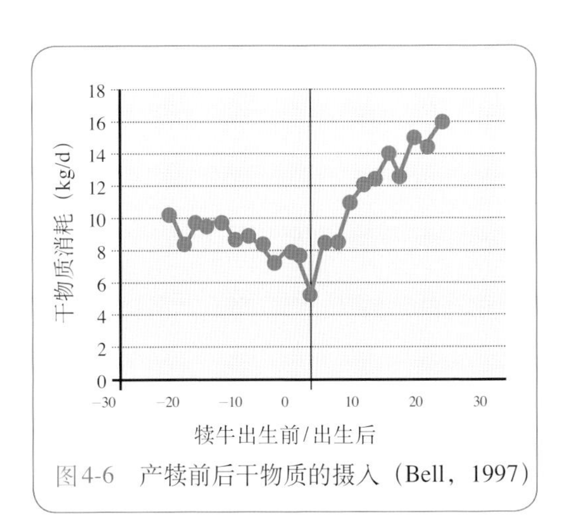

图4-6 产犊前后干物质的摄入（Bell，1997）

4.1.2 日粮的重要性

考虑下面的实际例子：想象一下，一个农场主认真地遵循所有适当的建议，以确保一头奶牛在健康的体况下达到产犊的时间，而且奶牛成功地恢复了体况，但随后饲喂了由于光照不足而没有积累足够糖分的冬季青贮饲料（图4-7至图4-9）。此外，由于缺乏足够的糖源（如甜菜浆、玉米粒、防腐剂）来改善发酵，造成青贮饲料因丁酸的积累而产生难闻的气味。上述种种情况会导致青贮饲料过度发酵。因此，奶牛无法获得足够的能量来抵消其负能量平衡，从而引发一系列代谢问题和体况的重大变化。

图4-7 冬季青贮饲料保存不良（极端情况）。这种青贮饲料决不能给奶牛吃

图4-8 需要高质量的筒仓。青贮饲料应从筒仓中取出，其数量应与要饲喂的奶牛数量相对应（夏季0.15 m/d；冬季0.10 m/d）

图4-9　饲料的移出方式影响库中的后续保存。青贮库（a）中的饲料保存不如青贮库（b）中的好

当青贮饲料保存不良时，真菌或真菌毒素可在青贮饲料中生长（图4-10、图4-11和图4-12）。奶牛食用污染的青贮饲料会引发一系列具有不同临床症状的疾病。奶牛产后食用污染的青贮饲料会出现免疫抑制，进而导致乳腺炎、跛行、消化不良等。污染的青贮饲料还会损害奶牛反刍功能，引起食欲减退、肠道菌群失调、腹胀和腹泻。

图4-10　污染红色真菌（镰刀菌属、红曲菌属）的玉米青贮饲料

图4-11　污染白色真菌（毛霉目地霉菌属、丝衣霉菌属真菌）的玉米青贮饲料

图4-12 污染白色至蓝绿色真菌（青霉）的玉米青贮饲料。由于其神经毒性作用，该真菌具有最强的毒性潜力

图4-13 ACD系统允许单头奶牛的个性化投料。注意两种精料的三个投放管和校正器喷嘴

4.2 日粮配给方法

4.2.1 自动精料分配（ACD）系统

自动精料分配（ACD）系统使用单独的项圈装置来识别每头奶牛，从而允许逐步调节所提供的饲料量（图4-13）。例如，这种方法可以在10d内将日粮比例为8kg的精料减少到0kg，以备干奶，并在产犊前15d（初产母牛为25d）将精料从0kg增加到6kg（或体重的1%）。使用这种方法，奶牛在产犊后可以“挑战”更多的饲料，每头不超过0.5kg/d，直到达到最高泌乳量。这是一个完美的工具，为每头奶牛提供必要的日粮，并避免采食过度和不足。

4.2.2 统一配料系统

对一批高产奶牛使用统一配料系统，为特定阶段的奶牛配给饲料，但不能实现个性化。通常将农场的平均配料比率加上一个标准差作为参考。

使用这种方法得到的结果在很大程度上取决于特定阶段奶牛的需求与农场平均日粮的对应程度。日粮的多少还受到遗传质量、繁殖不平衡和牛群病理过程的影响（即使奶牛的品种非常相似）。

当使用统一配料系统饲喂准备分批和高产或低产奶牛时，配给可以在一定程度上个性化。但是，该系统只能用于一定规模的农场。应仔细控制不同批次的变化，尽量减少应激。

4.3 日粮与产奶量

为了保证牛吃得好、营养足，可以使用多种饲料添加剂。虽然在许多情况下，这些措施有助于缓解采食量不足，但并不能消除潜在的问题。例如，可以在日粮中添加阴离子盐来缓解亚临床低钙血症。然而，兽医应该始终关注引起这些疾病的潜在因素。

定量生产控制程序

- 定量控制。
- 控制体况。
- 控制泌乳曲线。

4.3.1 泌乳曲线

如果能在干乳期和泌乳早期遵循相关规程和适当程序，奶牛将在适当的时间达到泌乳高峰。在泌乳高峰达到目标泌乳量；在泌乳高峰期，每增加1kg的奶量，在余下的泌乳期内，便会增加约200kg的产奶量。

初产和经产奶牛的理想泌乳曲线如表4-1和图4-14和图4-15所示。根据INRA（2007），也显示了达到哺乳高峰的时间点。这些例子可以作为参考，并与农场或特定奶牛的实际泌乳曲线进行比较。分析来自自动挤奶系统的数据是比较可取的，自动挤奶系统每天自动进行测量，并根据挤奶发生在上午还是下午进行校正。在没有这种系统的情况下，可以使用泌乳记录生成泌乳曲线。Wood's gamma函数可以用来评估收集的泌乳数据。

母牛在泌乳高峰前约15d最瘦。这对于理解泌乳进展和确定以下信息至关重要：

1. 如果在围产期管理上出现任何问题，原因是：
   - 干物质摄入量没有适当增加。
   - 奶牛没有从负能量平衡中恢复过来。
   - 没有给奶牛提供足够可口、能量和蛋白质水平适宜的日粮。
2. 如果生育能力下降。母牛越早退出能量负平衡（通常在泌乳高峰后发生），其再次妊娠的可能性就越大。然而，这种转变越拖延，母牛再次妊娠的时间就越长。

4.3.1.1 泌乳高峰期的个案研究

案例1

按照表4-2所示的理想情况，成年母牛的泌乳高峰在第5周，初产牛的泌乳高峰在第9周。从泌乳高峰期开始观察到受孕能力的提高。

案例2

成年母牛在泌乳第8周达泌乳高峰，初产母牛在泌乳第15周达泌乳高峰的农场（表4-3）。乳汁峰值低于案例1，因此受孕能力相对降低。

表4-1 泌乳奶牛的产奶潜力（kg/d）与产犊数、泌乳305d产奶潜力和泌乳高峰时的生产潜力（泌乳90d成功受精）有关（INRA，2007）

初产母牛（小母牛）	泌乳305d产奶潜力（kg）							
泌乳周	4 000	5 000	6 000	7 000	8 000	9 000	10 000	11 000
	产奶量（kg/d）							
1	11	14	17	19	22	25	28	30
2	13	16	19	23	26	29	32	35
3	14	18	21	25	28	32	35	39
4	15	19	23	26	30	34	38	41
8	16	20	24	28	32	35	39	43
12	15	19	23	27	31	34	38	42
16	15	18	22	26	29	33	37	40
20	14	18	21	25	28	32	35	39
24	14	17	20	24	27	30	34	37
28	13	16	19	23	26	29	32	35
32	12	15	18	22	25	28	31	34
36	12	15	17	20	23	26	29	32
40	11	14	16	19	22	24	27	30
44	10	12	14	17	19	22	24	26
经产奶牛（成年）	泌乳305d产奶潜力（kg）							
泌乳周	5 000	6 000	7 000	8 000	9 000	10 000	11 000	12 000
	产奶量（kg/d）							
1	19	22	26	30	34	37	41	45
2	21	25	30	34	38	42	46	51
3	22	27	31	36	40	45	49	53
4	23	27	32	36	41	45	50	54
8	22	26	30	35	39	43	48	52
12	20	24	28	32	36	40	44	49
16	19	23	26	30	34	38	41	45
20	18	21	25	28	32	35	39	42
24	16	20	23	26	29	33	36	39
28	15	18	21	24	27	30	33	36
32	14	17	20	22	25	28	31	34
36	13	15	18	20	23	25	28	30
40	11	13	16	18	20	22	24	27
44	9	11	12	14	16	18	19	21

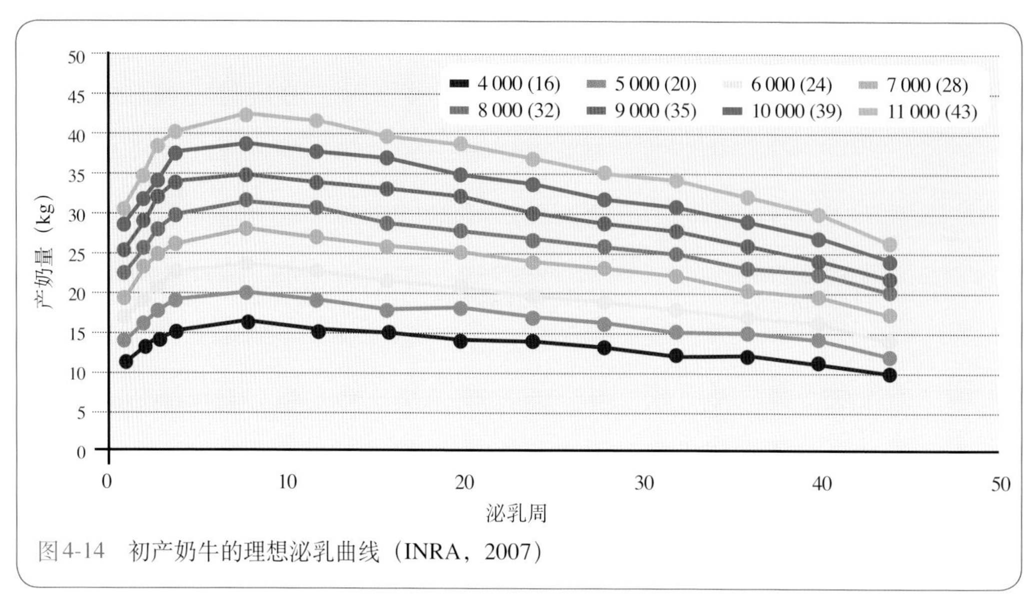

图4-14 初产奶牛的理想泌乳曲线（INRA，2007）

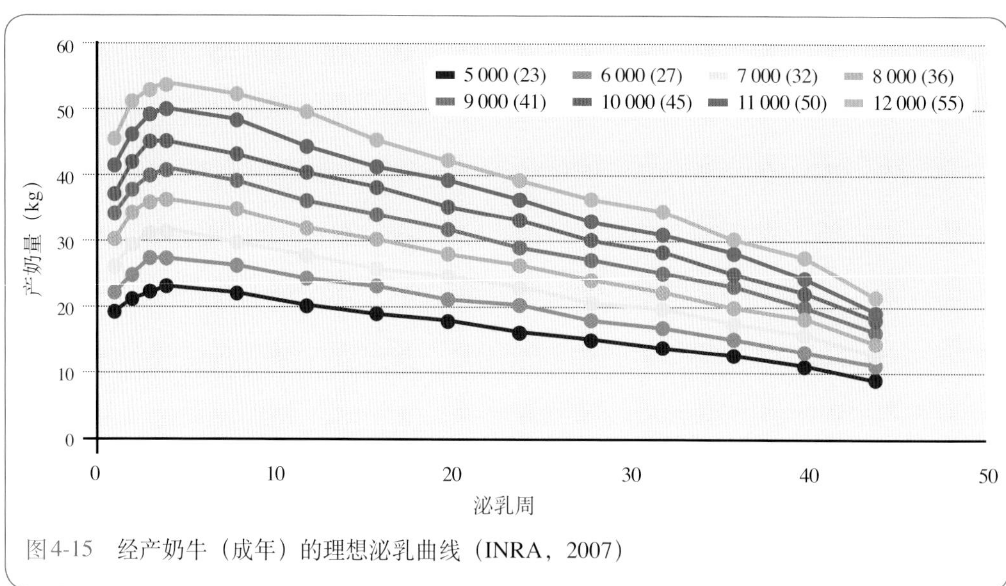

图4-15 经产奶牛（成年）的理想泌乳曲线（INRA，2007）

表4-2 案例1中奶牛场的产奶量数据汇编（资料来源：www.cowsulting.com）

泌乳期	总产量（日常生产）	泌乳高峰期（周）	泌乳持续性（每周每月减少）
全部	9 679（31.73L/d）	38.52（6）	98.39 %（1.61 %～6.44 %）
头胎	8 175（26.8 L/d）	30.62（9）	98.74 %（1.26 %～5.04 %）
二胎	9 695（31.79 L/d）	41.16（6）	97.85 %（2.15 %～8.6 %）
三胎以上	10 528（34.52 L/d）	42.96（5）	98.33 %（1.67 %～6.68 %）

表4-3　案例2中奶牛场的产奶量数据汇编（资料来源：www.cowsulting.com）

泌乳期	总产量（日常生产）	泌乳高峰期（周）	哺乳持续性（每周每月减少）
全部	9 991（32.76L/d）	35.56（10）	99.19 %（0.81 %～3.24 %）
头胎	9 097（29.83 L/d）	31.17（15）	99.5 %（0.5 %～2 %）
二胎	10 833（35.52 L/d）	39.84（6）	99.08 %（0.92 %～3.68 %）
三胎以上	10 770（35.31 L/d）	41.21（8）	98.6 %（1.4 %～5.6 %）

案例1和案例2的奶牛场之间的最大区别是，前者使用放牧系统，奶牛饲喂牧草青贮饲料，每天用ACD系统分配每头奶牛每天约9kg的精料；后者最大限度地利用饲料，每天只给每头奶牛饲喂6.5kg的精料，使用统一配料系统生产单一日粮。案例2奶牛场利用能量水平不是特别高的日粮（0.94 UFL/kg干物质），获得了良好的产量（每头奶牛每天泌乳33L，相当于摄入198g精料泌乳1L）和每头奶牛每天22.5kg干物质的高摄入量。在这种情况下，由于摄入较少，对于需要较高能量和蛋白质水平的初产奶牛不利。因此，尽管案例2奶牛场取得了良好的效果，但最好对产后前3个月内的奶牛日粮进行个性化调整。

表4-4　案例3中奶牛场的产奶量数据汇编（资料来源：www.cowsulting.com）

泌乳月数	奶牛数量	产奶量（L）	产奶天数（d）
1	5	26. 52	12.8
2	5	25.16	45
3	2	22	77
4	2	17.1	116.5
5	4	22.95	139.5
6	2	12.9	159
7	3	19	191.33
8	7	20.57	218.57
9	6	17.27	263.33
⩾10	5	17.32	312.6
Media	41	20.62	165.83

案例3

在泌乳期的前90d没有达到平均奶产量的奶牛场（表4-4和图4-16）。该场在整个泌乳期产量都很低。

鉴于案例3中的奶牛场使用统一饲料系统生产单一日粮，提高产量的唯一方法是根据高产奶牛计算日粮（即增加日粮配给）。

4.3.1.2 如何预测和提高生产潜力

几个简单的规则可以用来估计奶牛在泌乳高峰期的生产潜力。INRA（2007）提出了以下公式：

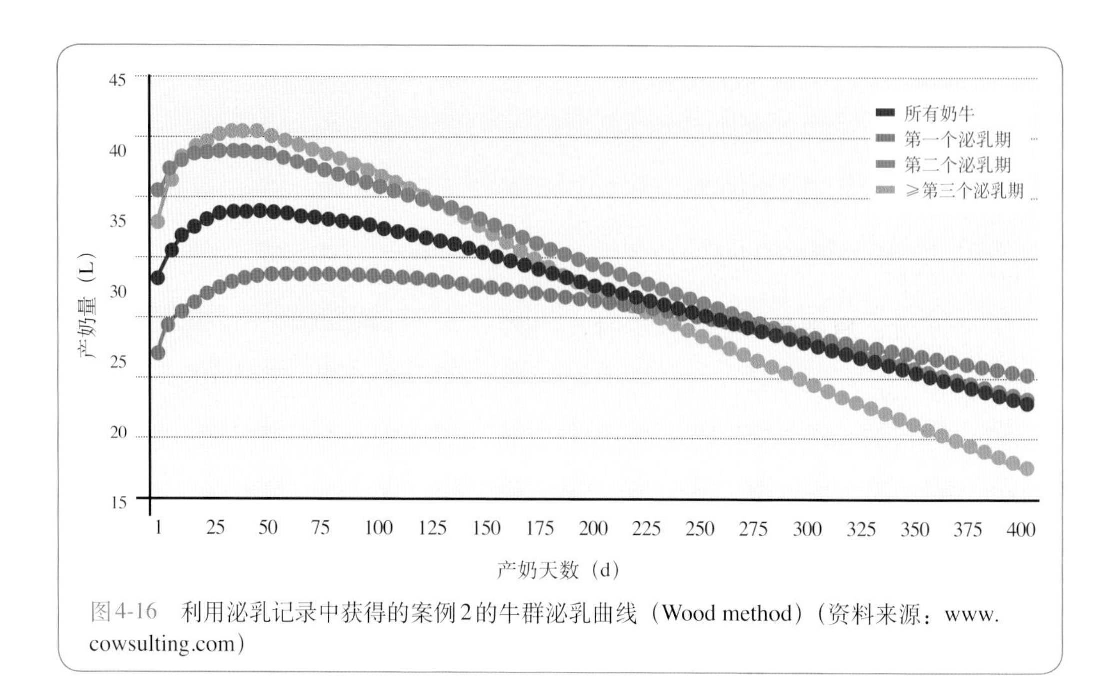

图4-16 利用泌乳记录中获得的案例2的牛群泌乳曲线（Wood method）（资料来源：www.cowsulting.com）

$$P_{\text{max pot}}=[(P_4+P_5+P_6)/3]\times 0.84+13$$

式中：$P_{\text{max pot}}$：最大产奶量（潜在的）；

P：产奶量。

- 最大产奶量（生产潜力）等于第4天、第5天和第6天的平均产量乘以0.84，再加上13。
- 用这个公式计算305d的产奶潜力，乘以224（对于经产奶牛）或259（对于初产奶牛）（INRA，2007）。

预测奶牛的产奶潜力可以计算出奶牛将面临“挑战”的精料的数量。一般来说，奶牛在产后第1周应该接受全面的监测，如果发现任何问题的话，监测时间应该更长。这种额外的监测是值得投资的，因为它最终可以带来额外的收入。

提高牛奶潜力

- 在不采用自动精料分配系统的牧场，一种方便的控制饲喂的方法是用营养均衡且可口的饲料统一补充饲喂至少10d。因此，在产犊后不增加日粮摄入量的奶牛很容易被识别出来。产后第4、5、6天最好在挤奶室记录产奶量。
- 如果一个奶牛场有一个低产牛群，初产奶牛可以转入这个低产牛群一周，以便在转入高产牛群之前调整奶牛的日粮摄入量。

4.3.2 体况

体况评分（BCS）是监测牛群状态的必要和有用的手段（表4-5）。虽然有许多关于评估体况的建议，但我们建议评估坐骨、肩胛骨、背部和肋骨，并在0～5的范围内对奶牛进行评分（图4-17）。

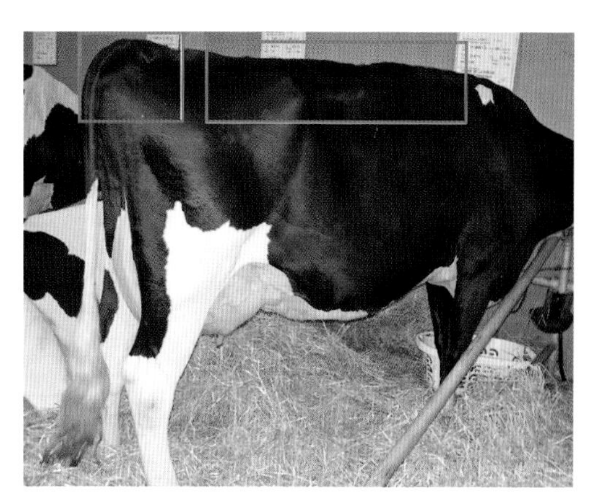

图4-17　体况评估

虽然体况评分有些主观，但只要动物总是由同一个人评分，就不会有问题（图4-18）。但是，如果动物是由不止一个人评分的，则观察者之间的差异不得超过0.5分，以确保评分级别没有变化（例如从2.5分变为3分）。为解释潜在的差异，可以0.25分为增量进行评分。

体况评估可以作为每月的例行程序（例如，奶牛生殖检查固化为例行程序），并可以提供重要的信息。运动评分也可能是有用的，这样，可以评估影响生产的四肢和飞节的状态。每个奶牛场使用软件评估输入的数据并确定平均值，然后将其用作牛群的参考。

4.3.2.1 体况的案例研究

案例1

这个奶牛场有40头奶牛，采用统一配料系统饲喂。一般来说，奶牛的体况评分值与图4-19所示的理想曲线非常吻合。

表4-5　基于泌乳状态的推荐体况评分

泌乳阶段	产奶天数	体况评分		
		目标（BCS）	最小值	最大值
产犊	0	3.50	3.25	3.75
泌乳早期	1～30	3.00	2.75	3.25
泌乳高峰期	31～100	2.75	2.50	3.00
泌乳中期	101～200	3.00	2.75	3.25
哺乳晚期	201～300	3.25	3.00	3.75
干奶	>300	3.50	3.25	3.75
干奶期	−60～−1	3.50	3.25	3.75

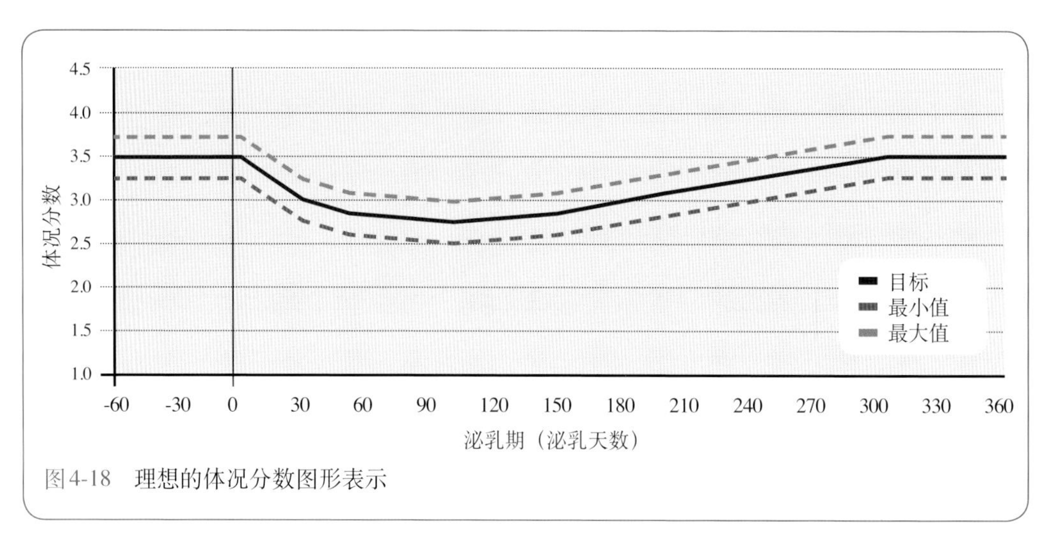

图4-18　理想的体况分数图形表示

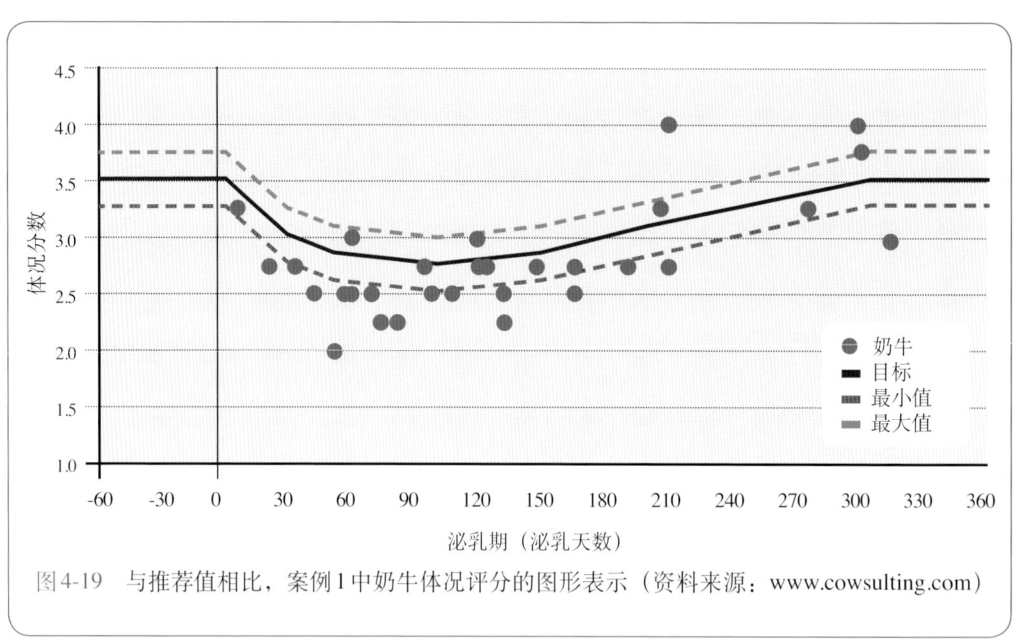

图4-19　与推荐值相比，案例1中奶牛体况评分的图形表示（资料来源：www.cowsulting.com）

案例2

这个奶牛场有100头奶牛，采用统一配料系统饲喂。有些奶牛哺乳期超过150d，没有恢复身体储备，过于瘦弱。这些观察结果表明产后饲喂管理不当（图4-20）。

案例3

该农场有50头奶牛，主要采用统一配料系统饲喂，并使用ACD系统补充饲喂。一些奶牛最近刚产下犊牛，但许多奶牛的泌乳期超过150d，而且过于瘦弱，表明ACD系统管理不当或出现故障（图4-21）。

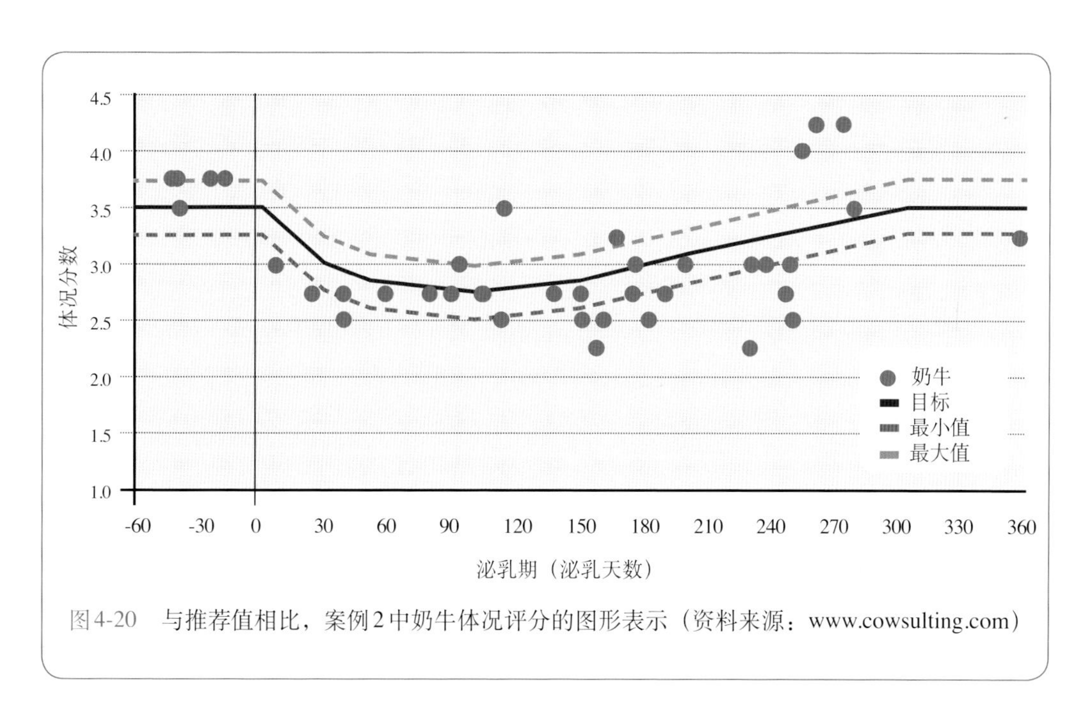

图4-20　与推荐值相比，案例2中奶牛体况评分的图形表示（资料来源：www.cowsulting.com）

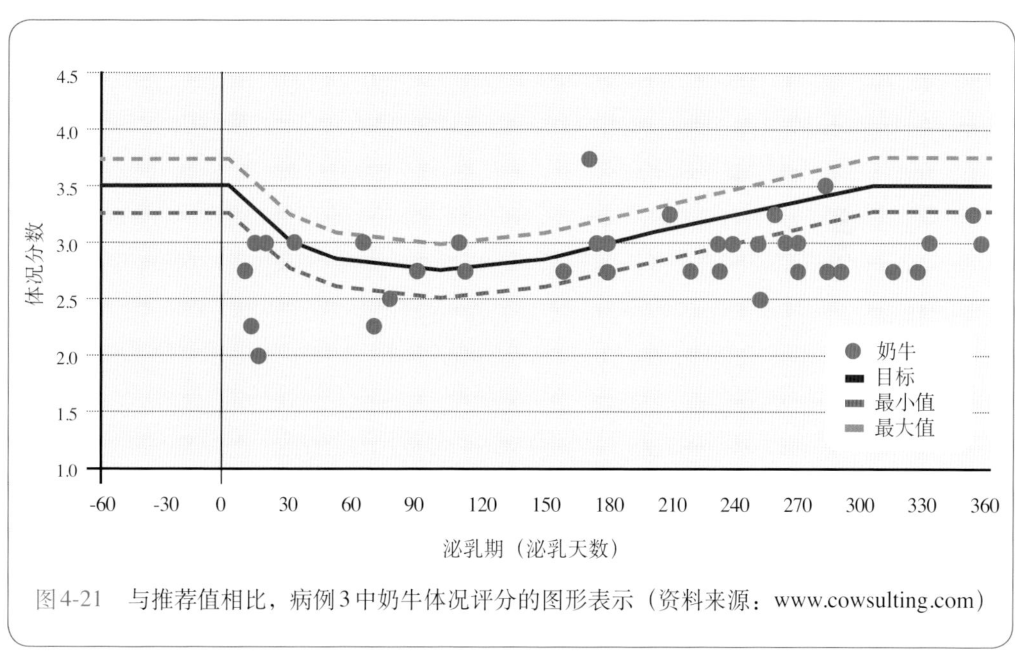

图4-21　与推荐值相比，病例3中奶牛体况评分的图形表示（资料来源：www.cowsulting.com）

案例4

这是一个有60头存栏奶牛的农场，以粗饲料饲喂，并在挤奶室补充颗粒饲料。这个农场有很大一部分奶牛太胖了，很少有瘦弱的奶牛。这种情况会影响牛群的繁殖状态（图4-22）。

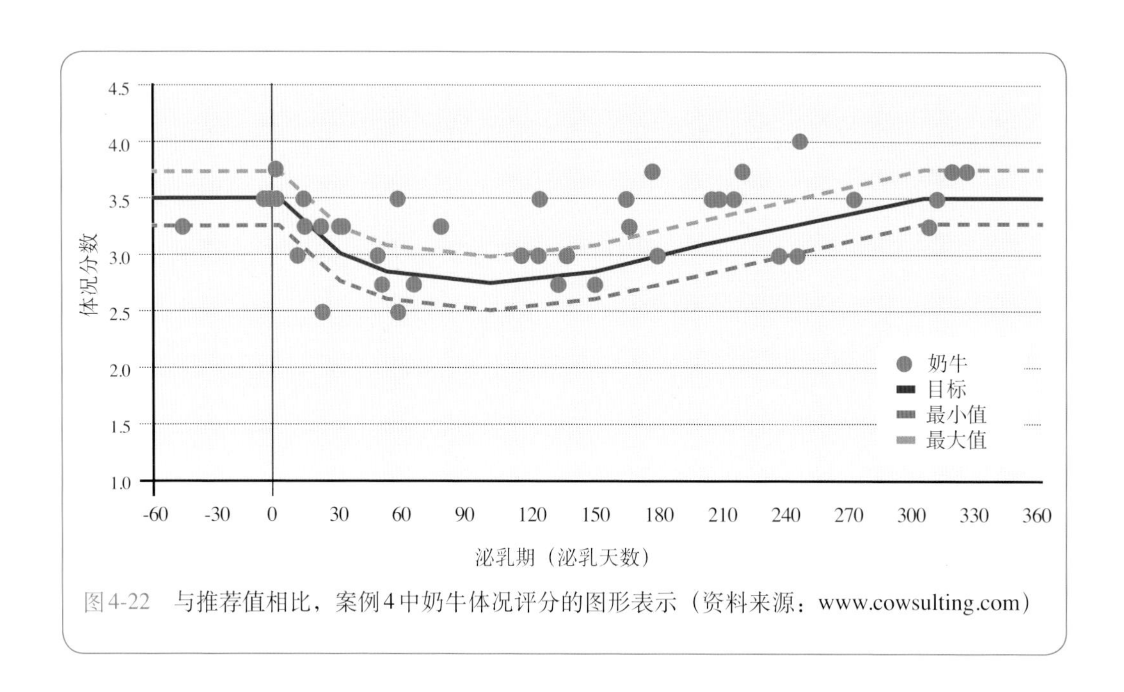

图4-22 与推荐值相比，案例4中奶牛体况评分的图形表示（资料来源：www.cowsulting.com）

案例5

这个农场使用的是一个统一的运输车，只提供劣质的草料青贮。这些奶牛的日粮能量水平不足，这一点可以从泌乳阶段瘦弱奶牛的数量之多得到证明（图4-23）。

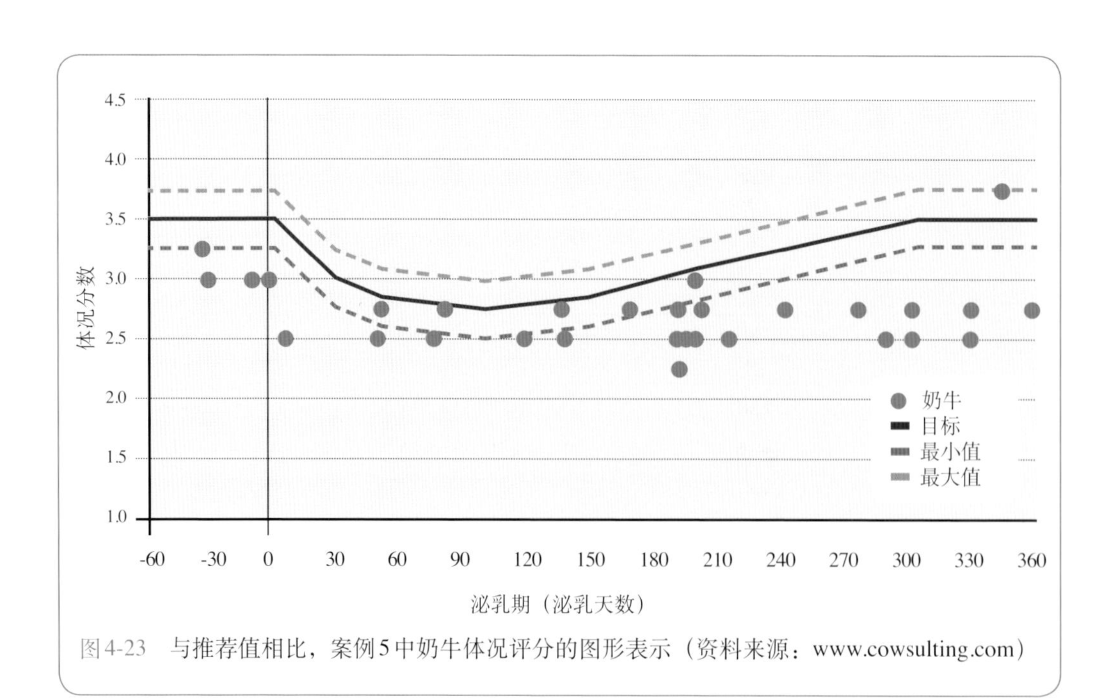

图4-23 与推荐值相比，案例5中奶牛体况评分的图形表示（资料来源：www.cowsulting.com）

切记

对于每头母牛的体况都应该考虑以下因素：

- 妊娠末期是体况恢复的最佳时期。
- 理想情况下，干奶牛的体况得分不应升高或降低。

4.3.2.2 体况变化

即使牛的体况评分在干奶期降低，也不应导致体重下降，因为这会恶化牛的代谢问题。在这种情况下，最好采取预防措施。

在干奶期体况评分降低的情况下：

- 通过给奶牛提供含有适量纤维素、能量、微量元素和维生素的饲料，奶牛体况可以得到一定程度的恢复。
- 体况评分每月很难增加0.5分以上。
- 如果奶牛在产犊时显得过于瘦弱，则应采取上述预防措施。此外，每头母牛的应对方案应该是个性化的，并且在它们的日粮中应该补充适当的精料。

4.3.3 日粮配给

如果在计算日粮配给量时考虑农场的平均产奶量、牛奶质量（脂肪、蛋白质和氮水平）和泌乳曲线，则可能得出的日粮配给量是适当的。据此，由计算机程序设计的日粮配给量将与农场实际提供给奶牛的日粮相一致，这些日粮的营养价值将与奶牛的预期需求相一致。

营养学家应经常检查以确保计算结果与计算机数据一致，因为这比随后评估每头奶牛的配给量更为方便。确定一个合理的日粮配给量需要观察和分析奶牛所显示的许多迹象，对奶牛的关注越多，效果越好。因此，确定一个合理的日粮配给量应作为起点，之后必须对奶牛进行密切监测。

4.3.3.1 日粮配给管理案例研究

案例1

每头奶牛每天日粮中干物质的变化约为2.2kg，牧草青贮量从约13kg增加到18.5kg左右，玉米青贮量从约26kg增加到约29kg，牛消耗混合精料8.7 ~ 9.4kg（表4-6）。这个农场奶牛的日粮消耗量与最初计算量相当，提供的日粮数量是足够的。然而，饲料分送车准备数量不够精确，与最初计算的数量不完全一致，但差异很小。

表4-6 示例配给

日期	牛群规模（头）	牧草青贮（GS）（kg）	每头牛平均GS（kg）	玉米青贮（CS）（kg）	每头牛平均CS（kg）	混合精料（kg）	每头牛平均混合精料（kg）	干草（DG）（kg）	每头牛平均DG（kg）	剩料（kg）	TMR饲料配送车每车饲料装量（kg）	平均每头牛TMR饲料配送车配送饲料（kg）	干物质（kg）
01-11-07	60.00	1 030.00	17.17	1 745.00	29.08	550.00	9.17	45.00	0.75	0.00	3 370.00	56.17	22.71
02-11-07	65.00	1 200.00	18.46	1 700.00	26.15	570.00	8.77	50.00	0.77	很多	3 520.00	54.15	21.98
03-11-07	60.00	1 100.00	18.33	1 750.00	29.17	565.00	9.42	35.00	0.58	100.00	3 450.00	57.50	23.21
04-11-07	60.00	800.00	13.33	1 700.00	28.33	520.00	8.67	30.00	0.50	0.00	3 050.00	50.83	20.57

奶牛所消耗的日粮的实际数量并不总是与营养学家最初计算的数量一致。

4.3.3.2 根据奶牛采食行为的日粮配给

评估奶牛日粮饲喂后的表现非常重要。应为奶牛提供24h的日粮供应。

在评估奶牛对日粮的反馈时，应遵循一定规程。评估应在日粮配给前一小时开始。评分如下：

- 0=槽中不剩料。增加5%配给。
- 1=大部分槽是空的，但仍有一些饲料块。增加2%～3%配给。
- 2=槽中残留的饲料少于2.5cm。配给是正确的。
- 3=5～7.5cm的饲料仍留在槽中。调查可能的原因。
- 4=超过50%的饲料仍留在槽中。调查可能的原因。
- 5=几乎所有饲料都留在槽中。调查可能的原因。

奶牛挑食在很大程度上取决于饲料的处理和切碎长度，或者更广泛地说，取决于“混合质量”。实验室分析可能有助于确定饲料留在槽中的原因，方法是确定所提供的饲料与留在槽中的饲料之间的差异。或者，可以在给料后6h和第2天使用颗粒分离器分析两个时间段的饲料，并对两个实验结果进行比较。

另一种鉴别奶牛挑食的有效方法是分析奶牛采食后饲料中残留的空洞类型。

- 饲料中有明显的深空洞（图4-24）表明奶牛采食时无明显选择性。
- 相比第一种情况，奶牛对饲料更有选择性，饲料“混合质量”较好且饲料中有浅而清晰的空洞。图4-25中的奶牛正在对饲料进行选择，其中一些不愿采食的饲料已被其散落在背上。
- 如果草料切碎程度不够，牛只会选择最理想的碎料（图4-26）。因此，奶牛实际消耗量与日粮的预期量相差很大。

图4-24　饲料中有明显的深空洞表明奶牛采食时无明显选择性（奶牛不挑食）

图4-25　奶牛选择性采食饲料（奶牛挑食）

4.4 牛粪的评价

奶牛对总日粮的消化程度由营养物质的降解性（通过瘤胃）和消化性（通过肠道）共同决定。因此，如果日粮中有任何难以消化的成分（例如，晚割的玉米青贮），日粮的总消化率将受到影响。日粮消化率可以通过评价牛粪便来确定。

图4-26　切碎不充分的饲料

4.4.1 牛粪评价案例研究

案例

由于使用了由免费提供的玉米青贮饲料和含有过量淀粉的精料组成的日粮，该农场一直存在酸中毒问题。将粪便通过一个大孔筛（图4-27）可以发现许多未消化的玉米残渣。当使用细筛时（图4-28），可以看到黏液，表明大肠壁受损。这可能是由于过度发酵导致消化环境的pH过低。如果肠道受损，奶牛会分泌黏液或纤维蛋白来覆盖肠黏膜受损区域。

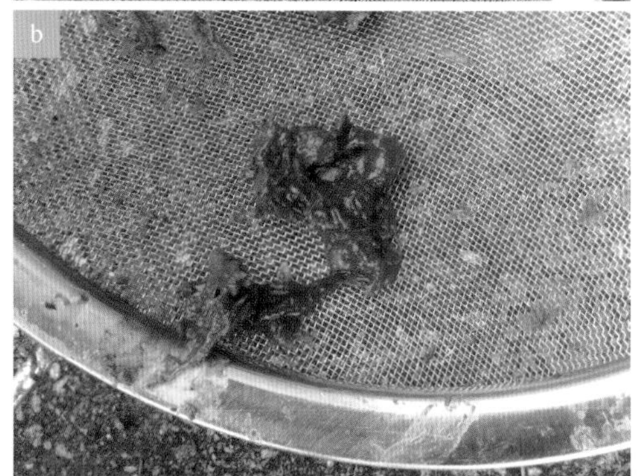

图4-27 用大孔筛评价粪便

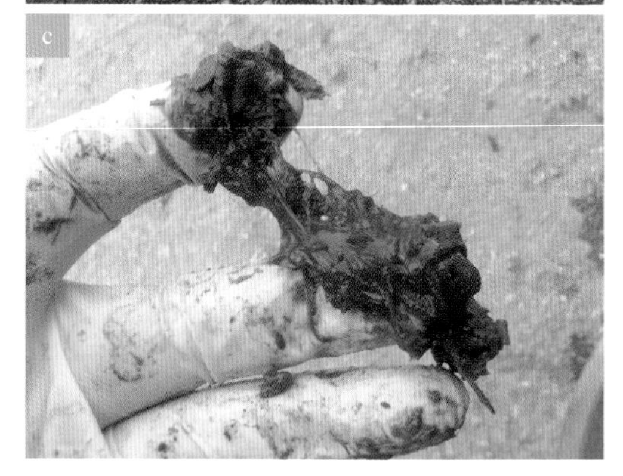

图4-28 使用细筛（a、b）评价粪便。注意粪便中的黏液（c）

5

产后疾病

虽然本章中描述的每种情况都可以进行更广泛的讨论，但我们的主要目标是强调产犊前后每个操作程序之间的重要性。这里将简明扼要地介绍以下每种疾病。

低钙血症、子宫炎和酮病，这些都是典型的产后疾病，是导致繁殖障碍、围产期牛被淘汰和奶牛繁殖率低下的主要原因。大概按照时间顺序，兽医专家所报告的主要产后疾病是：

- 子宫脱垂
- 低钙血症
- 胎衣不下
- 子宫炎
- 酮病
- 皱胃左方变位（LDA）
- 乳腺炎

通常，皱胃左方变位和乳腺炎都是上述一种或多种疾病的结果。

5.1 子宫脱垂

子宫脱垂或外翻是一种严重的疾病，可引发奶牛休克，因为在产犊时大约30%的循环血液集中在子宫内。此外，子宫出血或撕裂和子宫伸长的风险很高（产犊时子宫重20 ~ 35 kg），母牛可能无法康复。

由于尿道的物理阻塞，在子宫脱垂期间尿液的排出也受到阻碍。子宫脱垂通常会在产后立即发生。环境温度、产犊地点和兽医介入的时间是影响子宫脱垂预后的关键因素（图5-1）。

5.1.1 病因

引起子宫脱垂发生的主要原因：

- 难产：主要有倒生、子宫受压移位和子宫扭转。
- 母牛并发疾病，如低钙血症。
- 在过度倾斜的地面上产犊。通常发生在牛在山区产犊的时候。
- 胎盘排出时过度紧张。

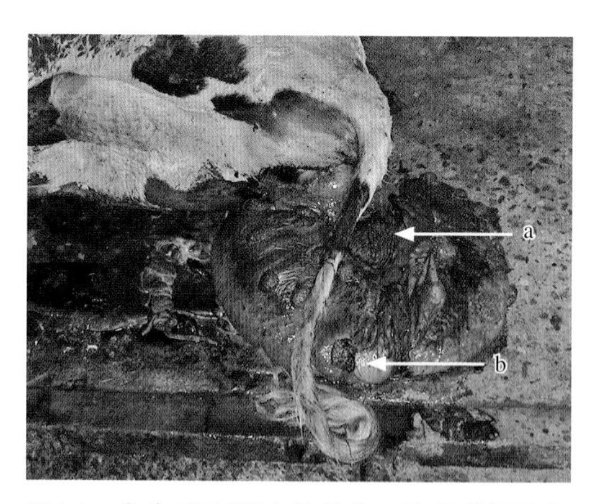

图5-1 发生子宫脱垂的母牛。注意粪便污染（a）和子叶与肉阜分离（b）。在这种情况下，胎盘几乎脱落

5.1.2 治疗

在治疗子宫脱垂之前，重要的摆位和适当的动物准备是必要的。准备必要的材料，并有足够的训练有素的人员作为助手。治疗前期计划应确保在简单情况下成功解决问题，在更复杂的情况下将显著降低奶牛休克的发生。目的是最大限度地减少还纳子宫所需的操作次数，因为奶牛产犊后子宫高度充血并很脆弱易破碎。建议按以下流程操作：

（1）**如果母牛已经躺下，请不要抬起它**，并确保在确定脱垂的严重程度并准备好必要的材料和人员之前，不要让母牛站立。将母牛固定在最适合操作者工作的位置。

（2）**确保有三四名助手**。处置母牛子宫脱垂可能是一项体力劳动。

（3）**在整复之前准备必要的材料**。用干净的容器装满温水（40℃）备用，并用一些床单或浴巾包裹脱垂的子宫，防止其与地面接触，还要加1 ~ 2kg糖。

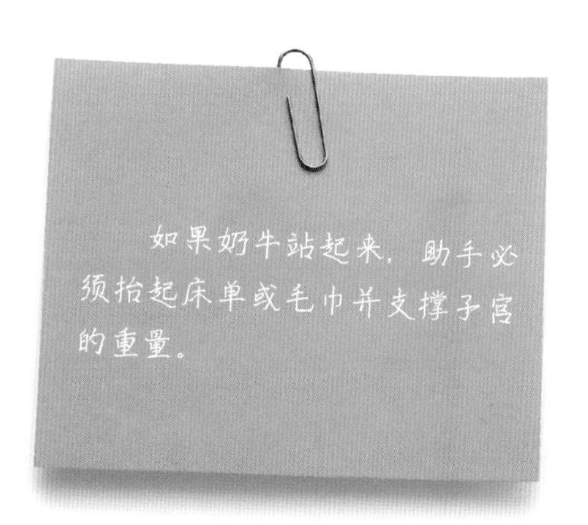

（4）**对病例进行完整的回忆**。记下产犊数和产犊过程中遇到的困难，产犊后的时长及迄今为止采取的任何措施。

（5）**评估动物的一般状况**。检查母牛是否已排出胎盘，并确定是否存在休克、血钙过低或其他并发症的风险。这些数据将完善病例信息。

（6）对子宫处理前后要**使用必要的药物**。

（7）**剥离胎盘**。首先，用碘皂清洗奶牛外阴边缘，然后将尾巴（由于硬膜外麻醉而呈惰性）拉向前方。在开始剥离胎盘之前，请用碘皂清洗子宫，同时目视检查和评估其总体外观、颜色、黏膜完整性并寻找是否有损伤迹象。应当小心地将每个子宫肉阜与其相应的胎盘子叶分开，从妊娠子宫囊开始，然后移至非受孕子宫角。由于非受孕子宫角较小且通常不暴露，因此后者往往更难处理（即必须“盲目”操作）。在整个过程中，应连续用溶解了糖的温水溶液（每10L水中含1kg糖）冲洗子宫。这种溶液，加上防止出血的药物，有助于封闭暴露的肉阜（图5-2）。

（8）**取出胎盘后，应再次清洗子宫**。接下来，将母牛四肢抬起，始终用床单或毛巾包裹和抬起子宫。一旦周围区域清理干净后，更换新的用水和碘液浸湿的床单或毛巾。

药物治疗：

- 硬膜外麻醉：可以选用利多卡因进行硬膜外麻醉，可减轻努责，这可能会严重阻碍子宫的还纳。仅当需要先抬高动物时，才进行硬膜外麻醉给药，否则不急于进行硬膜外麻醉。
- 子宫兴奋剂：麦角新碱或卡贝缩宫素静脉注射可引起子宫收缩并使其变小，改变子宫颜色并防止出血。用这些药物治疗后子宫更易于还纳。如果胎盘尚未排出，这也有利于排出胎盘。
- 与甲苯噻嗪合用的解痉药：一旦子宫还纳后，可使用该复合药物。
- 抗生素：最常用的抗生素是青霉素+链霉素和/或头孢噻呋。
- 其他药物：在某些情况下可能需要服用钙（低钙血症），止痛药（疼痛）或生理盐水（休克）。也可能需要通过静脉滴注连续给药。

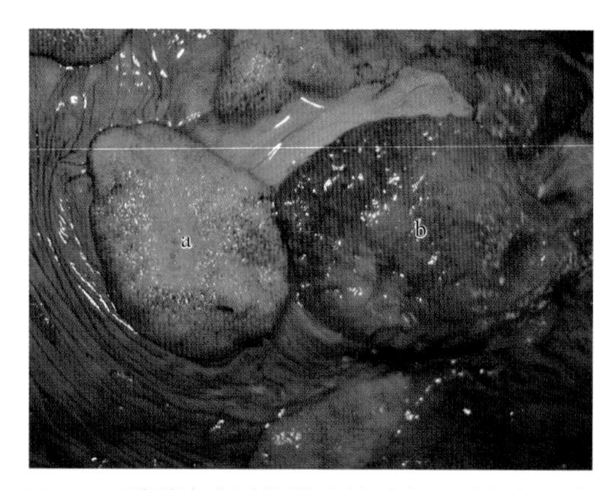

图5-2 刚刚清洗过的脱垂的子宫。子宫角（a）和胎盘子叶（b）的肉阜正在分离过程中

（9）**还纳子宫。**对子宫施加轻微的压力，朝向外阴，在整个手术过程中保持子宫略高于外阴水平。首先还纳阴道。这种操作仅在母牛没有剧烈努责的情况下才有效（尽管有药物治疗，但总是会出现一定程度的劳损）。为避免对子宫造成损伤，在整个还纳过程中必须耐心且全力以赴。通常，还纳50%的子宫需要5～20min，之后其余部分就很容易还纳回去。子宫还纳后，重要的是要确定动物可以正常排尿。如果没有排尿，将需要插导尿管。如果母牛在子宫重新还纳后不能站立，应将其置于俯卧位，后肢分开向后伸展，使体重由膝关节（股胫关节）支撑。为了便于操作并最大限度地减少压力，应首先对母牛进行镇静（使用甲苯噻嗪和解痉剂的组合），并使用绳索将其置于便于子宫复位的位置。解决子宫脱垂问题后，将动物置于坐姿并进行检查，以确保子宫完全复位。这可以通过将消毒玻璃瓶尽可能深地插入

阴道中来完成。

（10）最后，建议使用聚酰胺6缝合线或阴道胶带和布氏针对外阴进行三或四针U型缝合（图5-3）。重要的是，处理后母牛应保持放松和安静。应同时服用甲苯噻嗪和解痉药，并将牛放在舒适的地方，以便于监测。

对于发生子宫脱垂的母牛应在治疗后的几个小时内进行检查，并应在1个月后进行复查以确定是否可以再次繁殖。密切监测这些动物的排尿是否正常。如果发生排尿障碍，应每8h对母牛进行导尿。

某些子宫脱垂病例特别复杂，甚至可能致命（例如，涉及阴道和子宫破裂以及并发肠脱垂的病例）。在这些情况下，兽医通常会选择对奶牛实施安乐死。

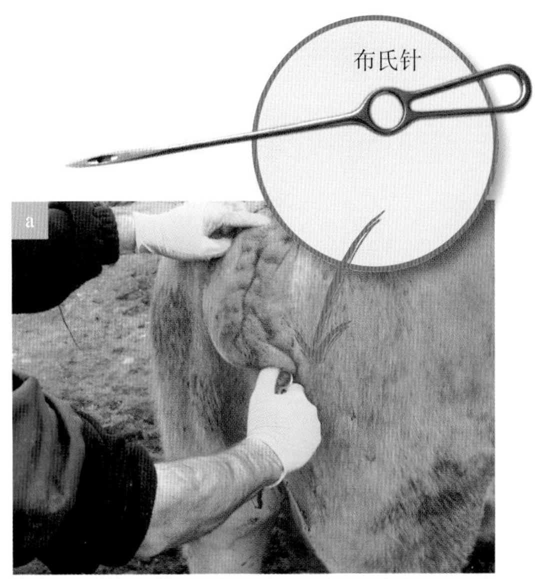

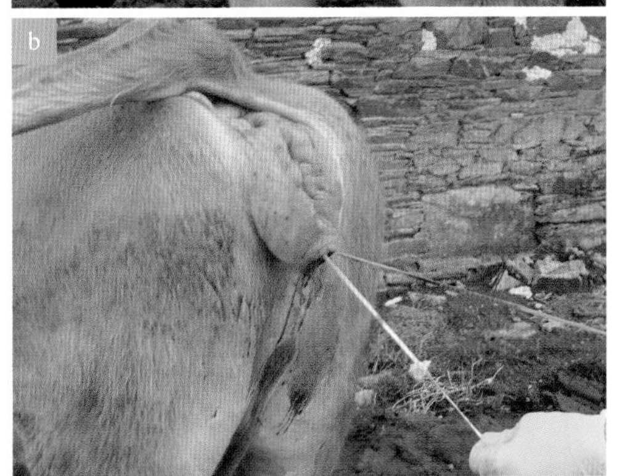

图5-3 Rubia Gallega母牛外阴子宫脱垂缝合术。兽医用一根布氏针和阴道胶带缝合外阴的阴唇（a）。阴道胶带穿过两侧阴唇形成一个环形闭合（b）。阴道胶带的末端打结以确保脱垂后外阴闭合（c）

5.2 低钙血症

低钙血症是一种与奶牛产犊及产奶量相关的代谢性疾病，其特点是血钙浓度低。尽管临床型低血钙症很容易诊断，但亚临床型低钙血症却不然，二者对母牛都构成高风险，因为它们都与其他围产期疾病的发生相关并会影响母牛的再生产。

5.2.1 发病机理

低钙血症是由母牛产犊后经历的突然变化引起的。初乳中钙的含量是普通牛奶的2倍，而牛奶中钙的含量是血液中钙的10倍。因此，即使在泌乳的最早阶段，钙的需求量也大大增加。

钙代谢涉及两种激素的稳态调节：甲状旁腺激素（PTH）和降钙素。PTH的分泌是通过饮食中钙的摄入和骨骼中可溶性钙的释放来介导的。血液的轻微酸化会增加骨钙的动员。内源性钙水平取决于一些其他因素，如饮食中的钙含量、日粮的消化率、与其他矿物质的相互作用、维生素D_3含量、年龄、产犊数、双胎妊娠和使用的饲料供应系统。

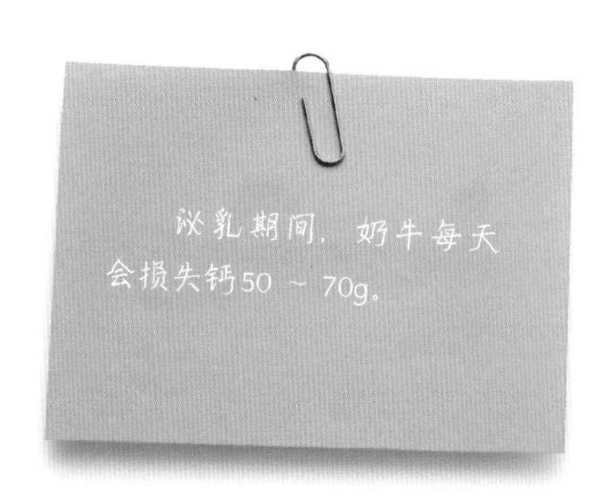

非常重要的是，在围产期，应向母牛提供电解质平衡（阴阳离子平衡）的饲料，因为过量的阳离子会促进低钙血症的发展。阴阳离子平衡是影响钙代谢的最重要因素，必须加以考虑才能预防疾病。

产后奶牛一定程度的低钙血症是正常的，甚至可以认为是生理性的，但如果出现产犊前后低钙无法补偿，就会发生低钙血症。

5.2.2 临床症状

低钙血症通常在产犊后发生，尽管可能发生得更早并影响到排卵期。

低钙血症的临床表现差异较大，轻症主要表现为体温降低、精神萎靡和反刍减少等，重症病例则表现为奶牛卧地不起，并反复尝试站立，但仍站立不起。严重低血钙牛，表现为体温过低（＜37℃），一侧躺卧及昏迷。

另外，亚临床型低钙血症会导致其他围产期疾病的发生，应予以预防。血钙降低会导致胃、子宫和乳头括约肌的肌张力不足，从而引发诸如皱胃左方变位、胎衣不下、子宫炎和乳腺炎等疾病。

5.2.3 治疗

低钙血症时可静脉注射钙镁磷酸盐。也可以口服维生素D、葡萄糖和皮质类固醇。根据疾病的严重程度，治疗时间为2 ～ 3d。可以通过静脉注射（抗休克）、肌内注射、皮下注射或口服给药。在临床发生低钙血症的病例中，大多数获得了令人满意的治疗效果。为了获得良好的结果，必须尽早做出正确的诊断。在治疗恢复期，将患病的母牛置于合适的

要点

- 奶牛对钙的吸收能力会随着年龄的增长而下降。
- 产前期应保持低的钙磷比。
- 钙的水平显著受日粮影响。由于牧草富含钙，因此在产前保持母牛放牧可能会增加钙含量。
- 日粮中维生素D_3的存在会促进肠道钙吸收。
- 随着年龄的增长，奶牛从骨骼中释放可溶性钙的能力下降，并且还取决于甲状旁腺激素。
- 甲状旁腺激素的释放受日粮中钙水平的影响：日粮中的钙含量越少，甲状旁腺激素的分泌就越多。

围栏中，并使其能在合适的位置卧下，确保其站立时不会因为疾病引起的虚弱而受伤。体脂百分比高的母牛的恢复过程较慢，因为这些动物发生脂肪变性和其他并发症的风险更大（参见案例6，第126页）。

5.2.4 预防

低钙血症的预防：

- 产前减少钙的摄入以刺激甲状旁腺激素的分泌。
- 控制日粮电解质平衡（阴阳离子平衡）并中和饲料中过量的阳离子。产前口服镁盐。尽管镁盐的使用受到其难食性的限制，但它会减少代谢性碱中毒并触发轻度酸中毒，从而刺激钙动员。
- 提供维生素D_3以促进日粮中钙的吸收。
- 产犊前数小时和产后立即口服和注射钙制剂。

5.3 胎衣不下

从生理学的角度来看，胎盘滞留表明分娩尚未完全结束。分娩后超过12h母牛尚未排出胎盘和胎膜，则被认为胎衣不下。如果胎盘残留，在胎衣不下的情况下，一部分器官组织供血不足并发生组织坏死，随后开始在子宫内分解。一头母牛通常有80 ~ 120个胎盘（胎盘和子叶相连），它们连接子宫内膜和胎膜。这些胎盘的直径范围从妊娠子宫角的10cm到非妊娠子宫角的2 ~ 4cm（图5-2）。

胎衣不下通常持续数天（3 ~ 12d）。胎盘通常在9 d或10 d后被排出，无论是完整的还是碎片的，并伴有因并发的子宫炎而产生的不等量的液体（图5-4）。实际上，许多子宫炎是由于胎盘完全或部分滞留引起的，坏死组织是微生物生长的最初“汤”（培养基）。如果母牛表现出子宫炎的临床体征，但无法确认胎盘滞留，则应进行超声检查（图5-5）。

5.3.1 病因

胎衣不下可能与多种因素有关，包括不当的处理会对奶牛造成应激（参见案例4，第114页）、矿物质缺乏、传染病、双胎，运动不足及并发症等。在任何情况下，都应评估胎衣不下对农场的影响，并将其与可接受的平均数（<10%）进行比较。

经初步评估之后，必须确定主要原因。例如，当一个农场的双胎比例很高时，则胎衣不下的风险也会高。同样，平均妊娠期缩短意味着胎衣不下的可能性增大。在后一种情况下，重要的是确定平均妊娠期缩短的原因。

5.3.2 临床症状

胎衣不下的母牛表现出的症状可能有很大差异。某些轻症病例不发热，

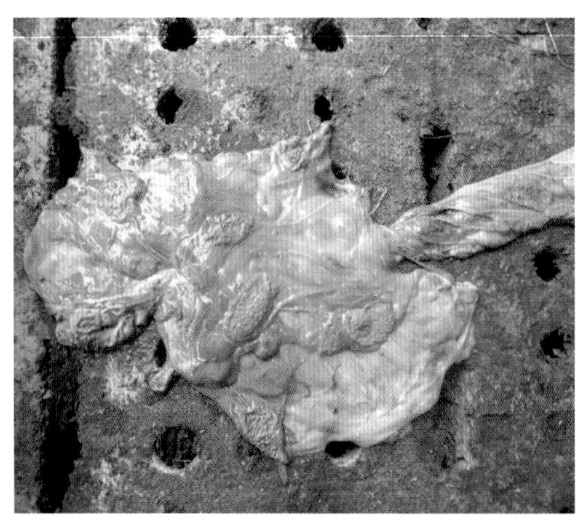

图5-4 完整胎盘在产后9d被排出的罕见情况。胎盘的子叶很容易识别

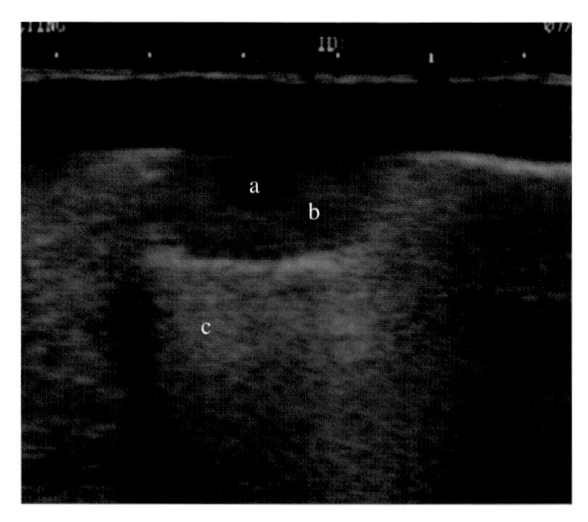

图5-5 子宫的超声影像，图中可见肉阜（a）、子叶（b）和由于子宫炎（c）引起的子宫积液

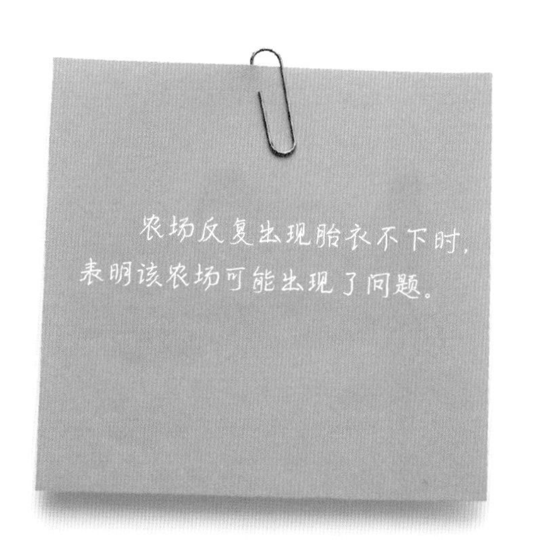

并且临床症状（如果存在）通常会在9～10d内自发缓解，排出胎盘和液体后的几天内，无须抗生素治疗。一些比较严重的病例，母牛几乎从产犊开始到12～15d后，都会排出恶臭的液体并显示出毒血症的临床体征。在多数情况下，胎盘本身并未排出，但母牛在几天的过程中排出组织碎片和脓性红棕色渗出液。有许多病例以发热和母牛的整体健康状况恶化为特征。

一些研究者认为，胎衣不下会导致坏死、子宫收缩乏力、水肿、未成熟的胎盘子叶或胎盘炎。胎衣不下经常引起子宫炎，这将在以下部分讨论。

5.3.3 治疗

胎盘的子叶与肉阜分离从产犊前几小时就开始，是一个复杂的过程，它涉及中性粒细胞、酶和子宫收缩力。

胎衣不下通常用钙、麦角新碱和催产素治疗。尽管并非总是能达到预期的结果，但值得一提的是，这些旨在促使残留胎膜排出的疗法仍然值得坚持。

除了必须要确认胎衣不下，我们不建议对胎盘进行任何手工处理，因为任何试图去除胎膜的尝试都可能导致子宫炎。任何操作都可能造成细菌侵入，并对子宫内膜引起小的损伤和撕裂，导致子宫更容易被感染。根据我们的经验，宫腔内的治疗很少能消除残留的胎盘，但会增加污染的风险，除了化脓性子宫炎，子宫引流可能是有效的。

对胎衣不下的奶牛，建议进行4～6d的胃肠外抗生素治疗，并监测发生毒血症性子宫炎的情况下母牛的整体状况。如果发生这种情况，还应进行NSAID（非甾体类抗炎药）和液体疗法。我们通常在产后的第4、8、12和22天以及维持治疗期间使用天然前列腺素。虽然其他研究者反对在奶牛产犊后不久就使用前列腺素，但我们观察到这种治疗在提高子宫收缩和促进排液方面均反应良好。

总之，我们建议对症治疗，应每天进行监测，以确保母牛保持较高的干物质摄入量，从而防止其他疾病（如酮病和皱胃左方变位）的发生。

5.3.4 预防

应对子宫收缩乏力进行预防性治疗，因为这种情况会诱发胎衣不下。虽然子宫收缩乏力只是胎衣不下的可能原因之一，但它是唯一可以在短期内解决的问题。

建议在胎衣不下率高但没有明显的感染性病因的农场选用硒和维生素E。这种情况下，应调查所有与产犊有关的因素，以查明胎衣不下率高的原因。

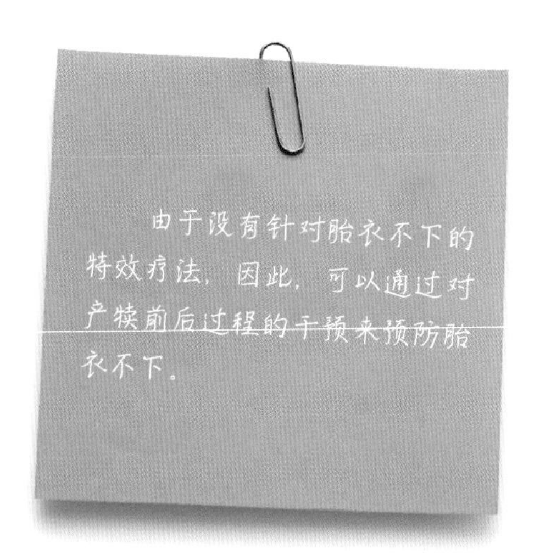

5.4 子宫炎

当奶牛在产犊后恢复并经历子宫复旧的过程中，它们会受到污染的环境、产后免疫抑制以及产房和接产处理的影响。虽然子宫炎的发病率因国家、地理区域和个体农场而异，但对奶牛子宫炎发病率的研究表明子宫炎和子宫内膜炎的发病率很高。

子宫炎是指因感染大肠杆菌、化脓杆菌或坏死杆菌而引起的子宫炎症。通常发生在泌乳早期并影响子宫全层。影响因素包括胎盘滞留、水肿、白细胞浸润和子宫肌层变性，从而导致子宫体积增大和其他全身性健康问题。

子宫炎容易发展为**子宫内膜炎**，子宫内膜炎没有可见临床症状，但从生殖角度看具有重要意义。另外，子宫内膜炎或子宫炎的炎症和感染可波及子宫外，引起周围组织和内脏的炎症、粘连、脓肿等，会进一步发展为**子宫浆膜炎**或**子宫旁炎**。

5.4.1 病因

各种子宫炎的诱因可能会产生累积效应，从而增加患此病的机会。

- 胎盘滞留及相关危险因素。
- 难产（如臀位分娩、矫正操作）。
- 双胎妊娠。
- 流产和/或死产。
- 影响奶牛健康的围产期疾病（如低血钙症、酮病、皱胃左方变位、跛行、乳腺炎）。
- 胎龄和产犊数（胎龄越大发生子宫炎的可能性越大，尽管头胎母牛的发病率也较高）。
- 体况评分不好（主要是体况得分较高）。
- 干奶期的持续时间（较长的干奶期会增加子宫炎的风险）。

■ 设施不足。
■ 产犊区的铺垫不当或卫生不良。
■ 环境应激或任何可能产生免疫抑制作用的处理。

5.4.2 临床症状

以下是一种快速简便的子宫炎分类方法。使用这种方法，兽医、农场主或经培训的员工可以根据临床特征对患有子宫炎的奶牛进行分类，及早采取行动，并在每种情况下应用最合适的治疗方法。

图5-6显示了三种类型的**临床型子宫炎**的临床症状在产后21d均表现出来。这三种形态的特征都是子宫增大，通过阴道排出恶臭液体。不同类型子宫炎的主要区别是：

■ **1级**：全身症状不明显。
■ **2级（产后子宫炎）**：母牛从产后第3～5d开始从阴道排出恶臭分泌物，体温39.5～40.5℃，呈现不同程度的全身症状。
■ **3级（毒血症性子宫炎）**：奶牛从阴道排出恶臭的分泌物，出现严重的全身症状，死亡率较高。牛的体温可能正常，甚至因毒血症而降低。症状包括抑郁、频繁卧下和心动过速。

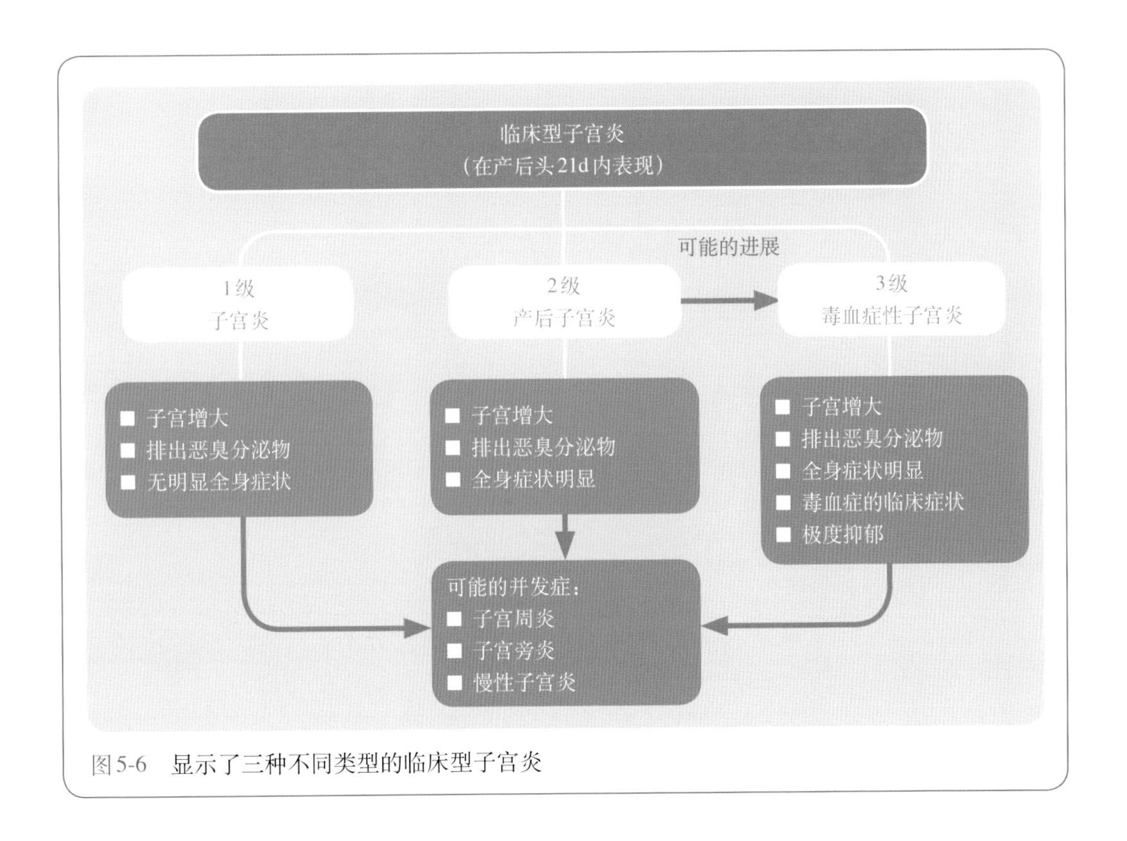

图5-6　显示了三种不同类型的临床型子宫炎

毒血症性子宫炎可能是由产后复杂或未适当治疗的子宫炎发展而来的，但在某些情况下，产犊前或产犊过程中由多种不利因素直接触发，甚至可能在产后第2天出现（图5-7）。

图5-7 牛毒血症性子宫炎的特征是排出黑褐色分泌物，气味难闻

子宫内膜炎发生在产后21d，并且是先前子宫炎的必然进展，无论子宫炎的初始程度如何。尽管它不影响产奶量，但导致明显的生殖障碍。重要的是要记住，这种情况最初是由未诊断出的、未治疗的或未治愈的子宫炎引起的。

子宫内膜炎可分为：

- 临床型：母牛排出无味的分泌物，子宫几乎没有变厚。
- 亚临床型：母牛不排出分泌物，因此诊断更加困难。

子宫积脓是另一种可以从先前的子宫炎发展而来的疾病，其特征是子宫内脓性物质的积累和卵巢中黄体的存在（图5-8）。子宫积脓的母牛很少出现临床症状，除了白带和在某些情况下呈封闭状态的子宫颈。

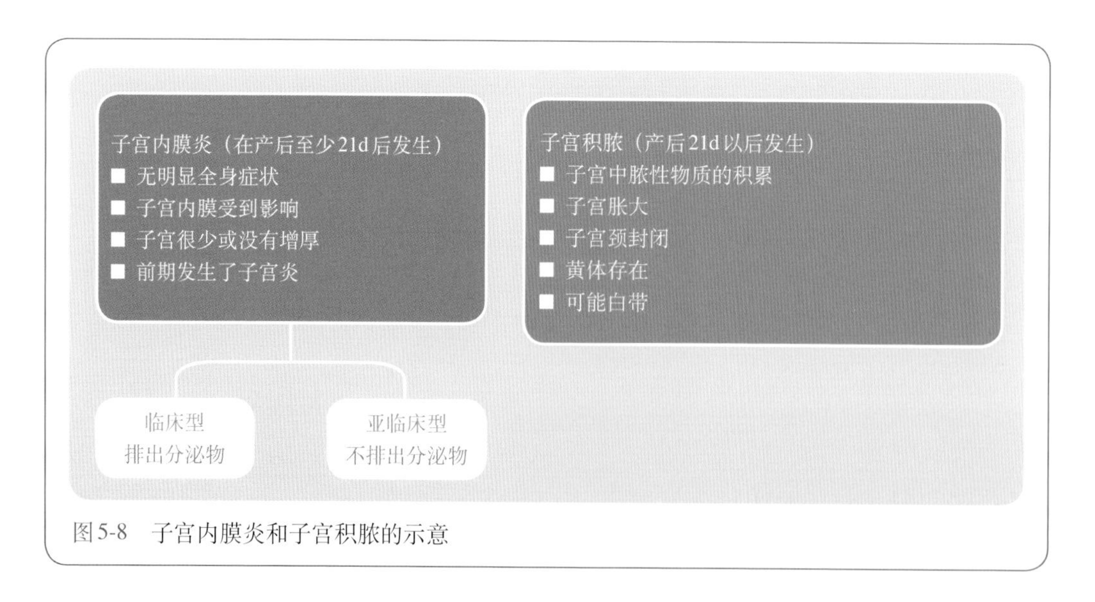

图5-8 子宫内膜炎和子宫积脓的示意

5.4.3 诊断

子宫炎的诊断基于对临床症状的检查。应特别注意2级和3级子宫炎的早期诊断，以防止因并发疾病而引起的未来并发症。应监测发病动物，以防止可能发展成子宫内膜炎。实施产后护理程序可以大大促进子宫炎的早期诊断。也可以通过超声检查轻松地诊断亚临床型子宫内膜炎的复发病例。

5.4.4 治疗

前列腺素给药的目的是促进患有子宫炎的母牛完全排出炎性或感染性物质（子宫液）。根据我们的经验，在大多数情况下，这些药物可促进子宫液的排出，并显著提高子宫收缩力。通常在产后的第4、8、12和22天注射前列腺素，不过如果有必要，接下来可以再增加给药剂量。

如果子宫颈在产犊后24h保持开放状态，并可以进行阴道检查，则使用**麦角新碱**、**催产素**或**卡贝缩宫素**治疗。这种情况发生在容易患产褥期或毒血症性子宫炎的母牛中，因此，在进行复诊时，尤其是在几个危险因素同时存在的情况下（如低钙血症、双胎、高产犊数），建议特别注意。

胃肠外抗生素治疗对于2级和3级临床型子宫炎至关重要。通常将青霉素和链霉素联合使用，根据并发其他疾病的情况，也可以选用其他抗生素。

注射非甾体类抗炎药对于控制2级或3级临床型子宫炎母牛的体温升高也很重要。

辅助支持治疗应涵盖任何并发症（例如钙、葡萄糖、胆碱、蛋氨酸、维生素、增加动用甘油三酯的化合物）以及毒血症（例如高渗液治疗、口服补液、给予促进瘤胃菌群生长的营养补充剂）的治疗要求。

不建议出于治疗目的手动去除胎膜或进行子宫冲洗。但是，建议在进行硬膜外麻醉后，对子宫积液的牛进行子宫灌洗，以去除或稀释子宫中积液：可以将2 ~ 3L温盐水注入子宫，然后尽可能多地排出液体。根据我们的经验，最好在诊断为毒血症性子宫炎并开始药物治疗后的3 ~ 6d内执行此技术（图5-9）。

子宫炎的早期诊断和治疗可以避免或减少由于围产期其他疾病引起的并发症的风险，因此可以大大提高盈利能力。

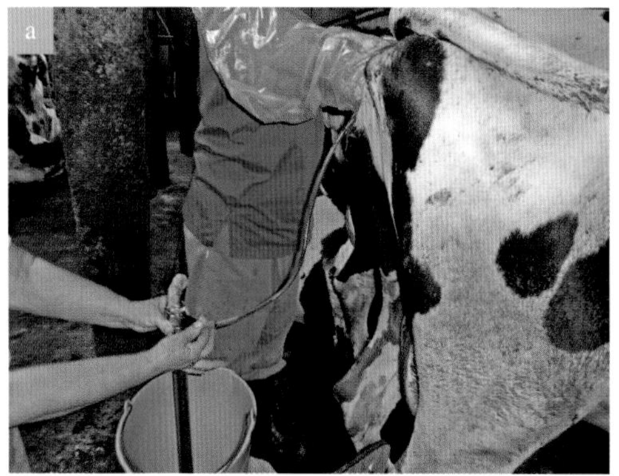

图5-9 子宫灌洗，作为治疗子宫炎的辅助疗法，目的是稀释子宫内容物并利于排出大量的液体

5.4.5 预防

为了防止子宫炎发生或确定母牛是否需要预防或治疗子宫炎，应定期监测以下指标。

■ **母牛的免疫程度**

母牛在产前和产后期间的饲养和处理对其免疫程度有很大的影响。

- 围产期日粮中应含有适量的钙（以防止低钙血症）、硒、维生素A和维生素E。此外，日粮应可口且营养均衡，并应含有较高比例的干物质。
- 建立预防措施防止奶牛发生酮病很重要，因为酮病对奶牛有明显的免疫抑制作用。
- 进料槽、饮水槽及休息区（垫料）的尺寸必须合理且易于使用。

■ 产犊区的卫生和舒适度

应特别注意垫料的卫生、通风和母牛的密度，以免对妊娠奶牛造成应激。产犊区应安静且易于接近，以便对母牛进行远程监测。

■ 助产人员

协助产犊的人员应意识到在产犊期间保持良好的卫生是必要的，并应知道

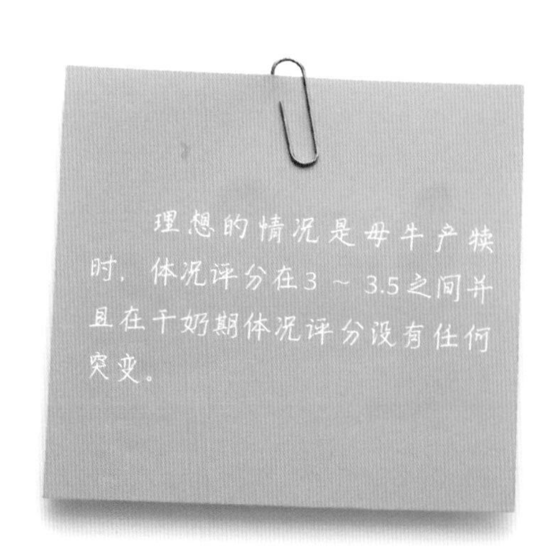

根据其他学者的研究

- 在患有子宫炎的奶牛中有1/3在泌乳期300d时空怀。
- 在泌乳期35～60d时，有50%的奶牛患有亚临床型子宫内膜炎。

只有在必要时才进行产犊干预。

其他建议：在进行任何干预之前，使用消毒过的材料，戴一次性手套，并用碘皂清洗会阴部位。

■ 产后监测

重要的产后数据应记录在记录表中，这些数据可用于进行目标监测和拟定计划。所采用的方法将受到以下因素的影响，如农场的动物规模、奶牛批次化生产能力以及人员的工作效率和经验。

除需要长期监测的疾病之外，应在产犊后的前15d建立监测方案。应监测并记录以下参数：

- 温度。
- 瘤胃充盈度。
- 行为（活动、食欲、反刍等）。
- 日产奶进度。
- 阴道分泌物和排泄物。
- 体况。
- 酮体（尿液中）和β-羟基丁酸酯（BHB）（血液或牛奶中）。
- pH。

收集的所有数据都应进行电子存档，以评估牛群的进展并与其他群体或农场进行比较。

另一类型的记录表可用于记录每头母牛最重要的个体数据。如动物身份信息，病史，每日生产数据（挤奶次数、挤奶量），健康状况（温度、酮体、β-羟基丁酸酯、尿液pH、行为、瘤胃充盈情况），以及所有已应用的处置或治疗方法（开始和结束日期）（表5-1）。

5.5 酮病

临床型和亚临床型酮病均可对母牛的生育能力产生重大影响，造成延迟排卵，从而影响下一个孕期。

5.5.1 病因

从泌乳期开始到泌乳高峰，由于伴发β-羟基丁酸酯水平的升高，母牛不可避免地经历了“生理”性的体况丢失。发生这种情况是因为母牛必须调动脂肪储备以提供生产牛奶所需的能量，从而导致能量负平衡（NEB）。同时，母牛经历了一定程度的低血糖（在泌乳期开始时胰岛素水平特别低）。应满足奶牛为了泌乳及维持近期产犊对能量和营养的需求，如果能量和营养需求无法满足的情况随着时间的流逝而持续存在，或者如果其他情况阻止了干物质摄入量（DMI）的快速增加，则奶牛将发生临床型酮病。

表5-1　产犊后监测奶牛的模型数据

新产牛监测（SERVEPO SLP）

耳标＝　L（胎次/产犊数）＝　BCS（体况评分）＝
分娩情况？＝　RP（胎盘滞留）＝

妊娠天数＝　超出妊娠9个月以上的天数＝±275d
干奶天数＝　产犊间隔＝　干奶期OK？＝

农场＝

日期	检查与治疗	挤奶时间	温度	牛奶	合计	其他值	
第1天		上午				BHB	
						BCS	
		下午				pH	
第2天		上午				BHB	
						BCS	
		下午				pH	
第3天		上午				BHB	
						BCS	
		下午				pH	
第4天		上午				K	
						BCS	
		下午				pH	
第5天		上午				BHB	
						BCS	
		下午				pH	
第6天		上午				K^+（钾离子）	
						BCS	
		下午				pH	
第7天		上午				BHB	
						BCS	
		下午				pH	
第8天		上午				BHB	
						BCS	
		下午				pH	
第9天		上午				BHB	
						BCS	
		下午				pH	
治疗停药日期							

5.5.2 发病机理

酮病发生的生化基础见图5-10。在肝脏中，脂肪（甘油三酯）的代谢通过3种可能的途径发生。

Ⅰ.动物体脂的动用，非酯化脂肪酸(NEFA，又称游离脂肪酸）的积累会触发肝脂肪变性。

Ⅱ.甘油三酯被氧化并形成中间化合物（乙酰辅酶A），而后者在草酰乙酸存在下可被高效地氧化以释放能量和CO_2，而在没有草酰乙酸存在下则可被低效地转化为BHB（主要是酮体）。

Ⅲ.如果肝脏甘油三酯被酯化，它们将被转化并以极低密度脂蛋白（vLDL）的形式离开肝脏。

途径Ⅱ和Ⅲ是生理性的，不会诱发疾病，但受必需前体的可用性限制。途径Ⅱ和Ⅲ的失活导致途径Ⅰ的激活，增加了酮病的风险。

预防酮症的方法包括：

- 减少体内脂肪。
- 最大限度地提高脂肪代谢途径的效率和基本前体的可用性。

简而言之，肝脏是动员母牛脂肪储备产生甘油三酯的“漏斗”。介导脂肪酸（甘油三酯）代谢的生理途径涉及氧化和酯化，分别产生CO_2和能量或极低密度脂蛋白。但是，这些途径受到必需前体的可用性的限制。因此，当这些前体用尽时，会激活病理路径，会产生毒性产物（酮

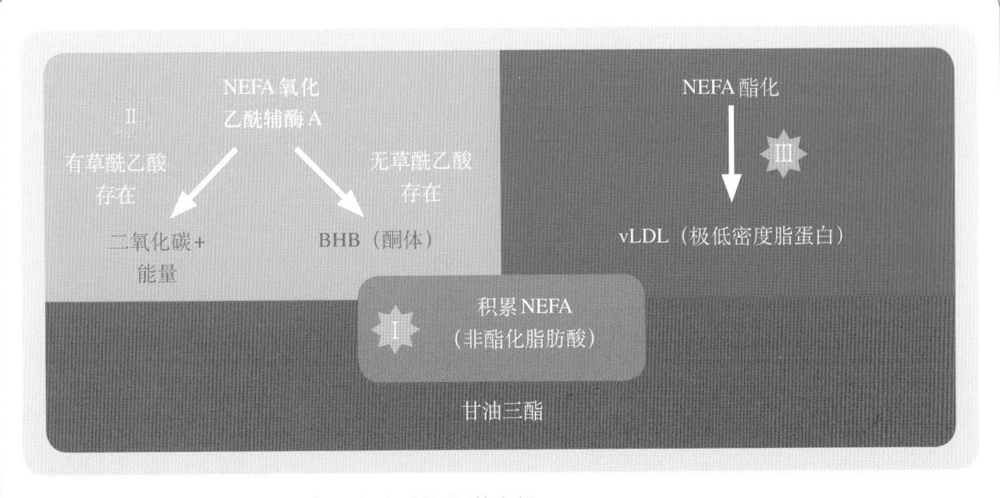

图5-10　显示了在产犊时肝脏中脂肪酸的代谢途径

类）或诱导肝脏中甘油三酯的积聚，进一步促进脂肪储备的动员（图5-11）。

5.5.3 临床症状

原发性**临床型酮病**的主要症状是食欲不振和产奶量下降。如果是继发性酮病，还可能会观察到其他主要疾病的症状（如跛行、皱胃左方变位、子宫炎）。神经性酮病非常罕见，很容易识别。亚临床型酮病与能量负平衡（NEB）密切相关。在泌乳初期，营养摄入不足以满足牛奶生产所需的高能量需求。达到高峰产量所需的时间将决定未来的泌乳曲线和母牛的总产奶量。

这种**亚临床型酮病**可促进其他疾病的发展（皱胃左方变位、乳腺炎、空怀天数增加），甚至可能致命，因此，除了延迟患病母牛的下一个繁殖周期外，对农场的经济影响也是巨大的。

5.5.4 诊断

通过检测特征性临床体征（食欲不振和产奶量下降），以及尿液、牛奶或血液中是否存在酮体来诊断酮病。

重要的是要了解农场中亚临床型酮病的百分比，并监测母牛个体的能量负平衡：

- 产前**NEFA水平**的分析结果。据此可以预测个体和整个牛群的酮病和能量负平衡的程度。

理想情况下：
产犊前的最后14d，NEFA应<0.3mEq/L。

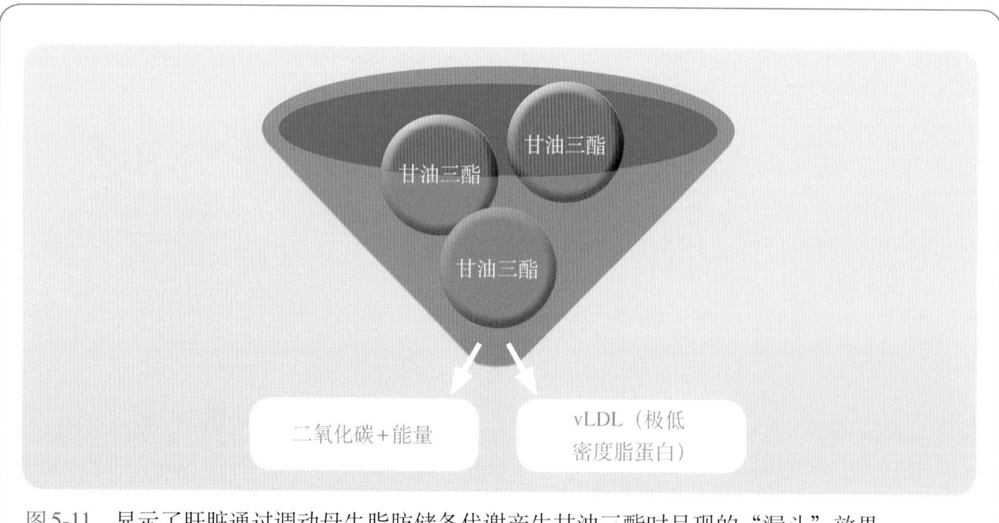

图5-11　显示了肝脏通过调动母牛脂肪储备代谢产生甘油三酯时呈现的“漏斗”效果

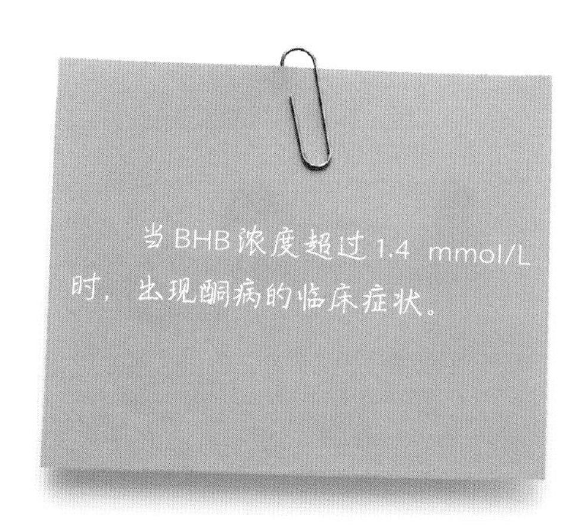

- 产后NEFA和/或BHB水平的分析结果可用于预测酮病和能量负平衡的程度。

理想情况下：
产犊后的前14d NEFA＜0.7mEq/L
产犊后的前14d BHB＜1.2 ～ 1.4mmol/L

在进行这些检测时，应始终考虑检测的确切时间点的临床症状以及所分析样本的数量和保存程度。对牛群进行分析后获得的结果将提示是否需要改变日粮和/或处理方式。

如果在产犊前获得高于建议值的值，则兽医应检查干奶期、产犊和产后护理规程。如果仅在产犊后获得高于建议值的值，则兽医应着重于产犊和产后护理的监管。

5.5.5 治疗

通过静脉注射葡萄糖治疗酮病，以尽快纠正食欲，并提供重新激活生理性脂肪代谢途径所必需的前体。在最后一次静脉注射后至少3d，应维持治疗直至母牛完全恢复食欲，尿中酮体和/或BHB水平恢复正常。最后，应该确定奶牛已经恢复了食欲和产奶量。结束静脉注射治疗后，我们建议口服葡萄糖前体（丙二醇）。

静脉注射葡萄糖可以在数量、浓度和频率上变化。通常每12或24h给药一次，并且可以与氨基酸、钙、皮质类固醇和维生素或胆碱或胆甾醇类物质（如丁烯丁酮、苯氧甲基丙酸）结合使用。

在继发性酮病的情况下，必须评估原发性疾病的预后并在必要时进行治疗。

5.5.6 预防

预防酮病的主要目标是促进肝脏中非酯化脂肪酸的代谢（图5-10）：

（1）**确保适量NEFA到达肝脏**

- 确保动物舒适度以保持日粮高摄入量（此时摄入量可能下降）。每天提供母牛优质日粮。
- 给奶牛配给的日粮能量水平对应于农场的产奶水平。
- 日粮中补充丙酸钙、丙二醇或甘油。
- 通过给予烟酰胺或烟酸来防止动用体脂。

静脉给药

与老龄母牛相比，初产母牛的乳腺静脉不那么明显，因为该血管尚未承受多次泌乳的负担。当需要重复使用或需要大量输液时，这可能不利于通过乳腺静脉的输注，从而导致某些问题。

乳腺静脉给药之前，应先消毒其周围区域。这也将使血管更加可见。始终将针头朝着血流的方向插入，以使药物更容易进入血流，并避免可能的药液回流或外渗（图5-12）。

40%～50%葡萄糖溶液渗出后具有很强的刺激性，并可能引起静脉炎。多数情况下会引起静脉炎（图5-13）。

颈静脉是静脉内给药的另一种途径，只要动物受到足够的保定并且可沿血流方向插入针头即可。

图5-12　进行静脉注射时，应沿血流方向插入针头，以防止所用药物回流

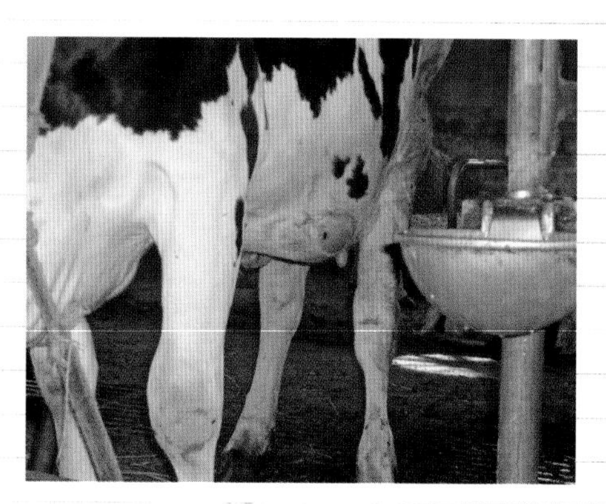

图5-13　由50%葡萄糖溶液外渗引起的牛乳腺静脉炎

（2）增强肝脏中的NEFA氧化

■ 饲料中添加蛋氨酸和赖氨酸，这些作为肉碱合成的底物。肉碱在脂肪酸氧化中起重要作用，并促进NEFA代谢。

■ 口服草酰乙酸前体（如丙酸钙）。草酰乙酸的存在使NEFA有效地氧化，产生CO_2和能量，而草酸乙酸的缺乏导致无效的氧化和有毒产物（如酮体）的产生。

(3) 促进vLDL的消除

- 脂肪酸的酯化取决于磷脂酰胆碱酶。该酶的合成需要蛋氨酸和胆碱。提供给母牛的日粮应富含蛋氨酸和氯化胆碱，以促进磷脂酰胆碱的直接生产。这两种物质均应涂有保护性涂层，以防止其在瘤胃中降解。

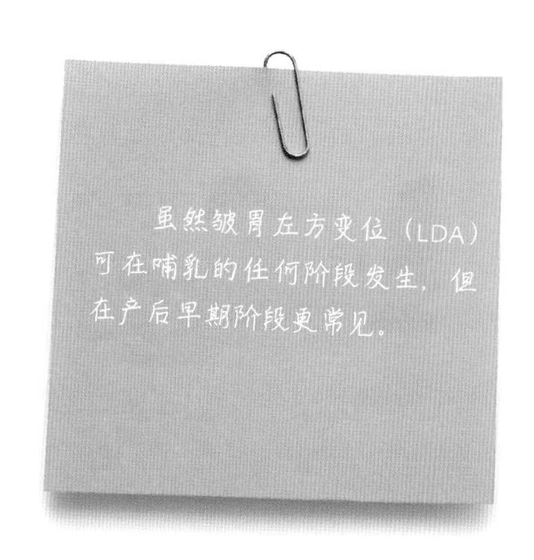

5.6 皱胃左方变位

皱胃左方变位（LDA）是产后奶牛最重要的继发性疾病。任何影响奶牛食欲的因素或疾病都可能在短短几个小时内导致LDA。

5.6.1 发病机理

妊娠母牛分娩后腹腔内留有很大的空间，因此在产犊后几天内患LDA的风险比较高。分娩后奶牛干物质摄入量也在减少，同时必须考虑并发症带来的后果。这些包括低钙血症引起的平滑肌异常；前胃迟缓；子宫炎和酮病的并发症引起的采食减少；以及其他引起应激和食欲下降的因素，如乳腺炎、跛行和双胎（图5-14）。

LDA也可以发生在干奶牛。在这种情况下，LDA的发生通常是由于饲养不当或运动的改变引起的，特别是在疾病状态下。除引起食欲下降的因素外，奶牛长时间右侧躺卧也是诱因。

皱胃位于腹部的腹侧，前面已经提到了导致皱胃向左移位的可能原因。皱胃中气体的存在进一步加剧了这种变位，导致皱胃沿着左腹壁上升，位于瘤胃内侧，

图5-14　围产期的许多疾病都可能继发LDA。这个病例中母牛在采食时吞咽了石头，导致幽门阻塞和随后的LDA

脾脏和肋弓外侧。在奶牛停止进食的情况下，由于皱胃积气，皱胃的大小可能超过瘤胃。

5.6.2 临床症状

LDA的临床症状与先前描述的其他病症相似，这些病症通常会触发LDA。临床症状包括瘤胃迟缓、产奶量突然下降和继发性酮病（这可能是触发因素），以及其他原发于LDA的症状。

有些时候，母牛食欲时好时坏。皱胃积气少时，消化功能相对正常。但随着食欲的改变会引起持续性酮病，进而也会促进其他疾病的发展。

5.6.3 诊断

在皱胃区，通过听诊结合腹部叩诊可以很容易诊断出LDA。通常无须进行探查性剖腹手术即可确诊。

在LDA的某些情况下，皱胃处于腹部的腹侧位置，或位于背侧并被高度压缩。也很少需要剖腹手术来确认或排除这种情况。

5.6.4 治疗

鉴于95 %的LDA病例需要手术治疗，因此我们建议从一开始就做手术计划。如果涉及另一种主要疾病（如酮病或低钙血症），应首先采取保守治疗以应对原发疾病，并在手术前24h停止治疗。

有时LDA可以通过翻滚母牛以纠正皱胃的位置来进行治疗。在适当的情况下使用这种保守疗法的成功率为10%～15%（无复发）。

5.6.4.1 翻滚复位程序

在开始翻滚复位母牛之前，应先使其保持安静，并使其右侧躺卧。接下来，系紧前肢和后肢，将母牛仰卧。一旦母牛处于仰卧位，就在按摩腹部的同时从左向右轻轻滚动奶牛。

这将使皱胃从腹部的左侧移动到上中部区域，最后移动到右侧。在某些情况下，一旦母牛躺下，就可以使用拖拉机或铁锹来移动或改变母牛的位置。在通过听诊确定了正确的隆起位置之后（在腹部的右侧），应将奶牛放到其左侧腹。然后将奶牛的四肢解开，一旦奶牛四肢着地，则通过听诊/叩诊再次确认内脏的位置。

在开始翻滚程序之前，必须先治疗引起LDA的原发疾病。如果在翻滚后的24h内皱胃仍保持在正确的生理位置，则应对奶牛进行监测并继续治疗原发病。如果LDA复发，除非决定对奶牛实施安乐死，否则应尝试手术治疗。

5.6.4.2 手术

LDA可以通过3种方式的手术解决：

- 正中旁通路。
- 右肷部通路。
- 左肷部通路。

5.6.4.2.1 正中旁通路

这种方法需要全身麻醉和局部麻醉。母牛右侧躺卧，保定前肢和后肢。然后将其置于接近仰卧的体位，以确保腹部可方便地进行手术。通常，通过将母牛置于仰卧位置，皱胃会恢复到正确的生理位置（翻滚过程）。母牛的头应置于兽医的左边。

在剑突的后方约15cm处、与腹白线平行并与之相距5 ~ 10cm的右腹侧切开腹壁。打开腹腔后，如有必要，进行皱胃穿刺放气，以便整复复位。接下来，兽医定位瘤胃、大网膜和皱胃壁，并还纳皱胃。

从这开始，有不同的手术技术可以使用：大网膜可以附着在腹膜和腹壁肌层上；大网膜可能会随着腹膜改变位置，在皱胃壁引入非穿孔缝合线；可以采用连续缝合或结节缝合。最后，闭合腹壁肌肉和皮肤。手术后，应将奶牛置于干净、僻静的地方。应当密切监测伤口的状况和动物的康复情况。

准中位法是一种安全的方法，因为它可以将皱胃固定在其自然位置，并且很少复发。这种手术的缺点是费时又费力，并且需要几个助手和适宜的奶牛手术体位。

5.6.4.2.2 右肷部通路

局部麻醉。倒“L”形区域浸润麻醉或椎旁传导麻醉。麻醉的方法取决于兽医的偏爱及牛的体况对麻醉效果的影响（例如过多的体内脂肪）。在右侧距最后肋骨约10cm切开腹壁，打开腹腔后，确认有无粘连，有无渗出液和纤维蛋白，确认皱胃是否发生穿孔。

皱胃整复与固定：术者将手滑过腹部，越过腹底，然后沿左壁向上滑动，以找到左腹壁。应始终保持与腹膜的接触。如果在此过程中瘤胃妨碍了外科医生的操作，则可以将其拉回外科医生手中。触诊左腹壁时，外科医生可抬起前臂，将其定位在皱胃上方，然后用手和前臂轻轻向下推。当皱胃处于腹侧位置时，外科医生的手和前臂就越过腹白线移向右侧。最后一步是朝着手术切口向上提拉皱胃。在接近幽门区域（实践中会更容易）选择无大血管网膜区域作为附着点（图5-15）。如果找不到合适的大网膜附着点，可以将大网膜向外拉，以便寻找附着点。

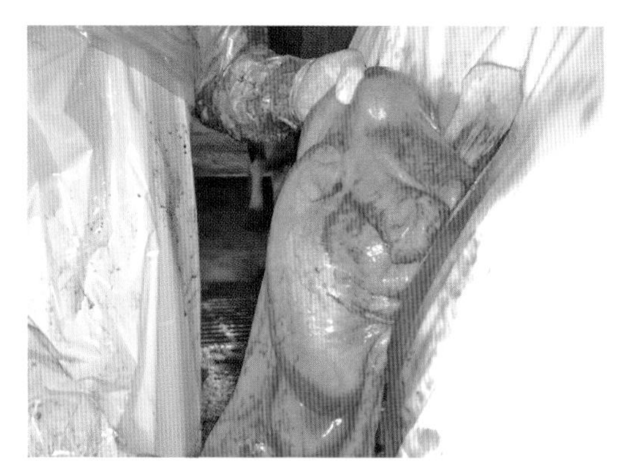

图5-15　采用右肷部手术通路时所显示的皱胃。最适合缝合的固定点是邻近外科医生拇指旁的区域

选择最适合固定皱胃的网膜区域后，必须选择要使用的手术技术，这将取决于外科医生的偏好和奶牛的个体特征。无论采用何种方法，皱胃可以单独固定或附着在腹壁肌层上进行固定。

然后闭合切口，逐层缝合切口。关闭腹部切口前排出腹腔气体；在术者缝合腹膜时，助手在左侧按压腹部排出气体，还应避免空气再进入。最后，缝合肌层、皮下组织和皮肤。

可能的困难

如果在尝试校正LDA之前检测到皱胃内有大量气体，则应使用连接排气管的针进行皱胃刺穿。此时，针管在重新定位的过程中会随皱胃一起移动。如先前右肷部通路手术时所描述的那样，继续该过程。在某些情况下，辨别可能非常困难。例如，在手术前，如果动物没有被禁食，由于瘤胃内容物的积聚，腹部膨胀隆起。请记住，患有LDA的母牛会经历食欲的自发短暂变化。

5.6.4.2.3 左肷部通路

所用术式，包括麻醉、手术切口和闭合方法与右肷部通路相同。左侧腹底平行于腹白线区域剃毛并消毒。

通常情况下，左肷部切开后很容易找到皱胃（图5-16）。在确认没有黏附后，找到胃大弯网膜区域，使用一根约150cm长肠线或聚酰胺（USP 4或6）缝合线对皱胃大网膜连接处进行缝合，缝线两端留有相等长度的多余缝线（图5-17）。然后将这些缝线通过腹腔穿过腹壁至右侧剑突后5 ～ 10 cm平行于腹白线5 ～ 10cm区域穿出并打结。

在体况评分高的奶牛中，由于体重和体积的增加，处理皱胃和大网膜的难度更大。对体况评分较低的奶牛来说，虽然大网膜组织稀少，增加了LDA复发的可能性，但手术治疗更容易。

用手向下压送皱胃并排出内部气体后，将上方的线穿过格氏针（图5-18），并从上腹侧向下还纳皱胃（参见第80页的解释）。左肷部通路的优势在于，可将皱胃固定在腹底，LDA复发率低。一个缺点是需要一个助手从格氏针上取下线。

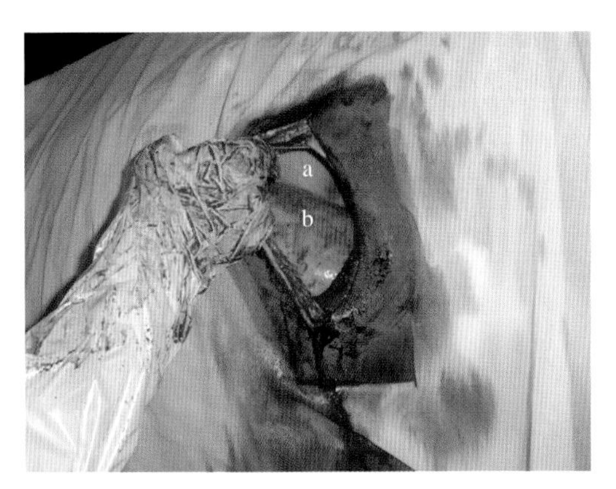

图5-16　LDA手术采用左肷部通路。图中暴露的是瘤胃（a）和皱胃（b）

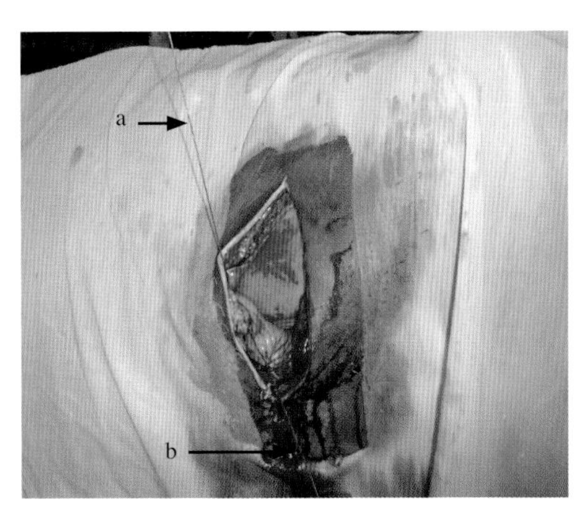

图5-17　左肷部通路时，将大网膜血管少的区域与皱胃一起黏附在腹壁上。注意缝合线的上部（a）和尾部（b）末端，将这些缝合线通过格氏针穿透腹壁用于固定真胃

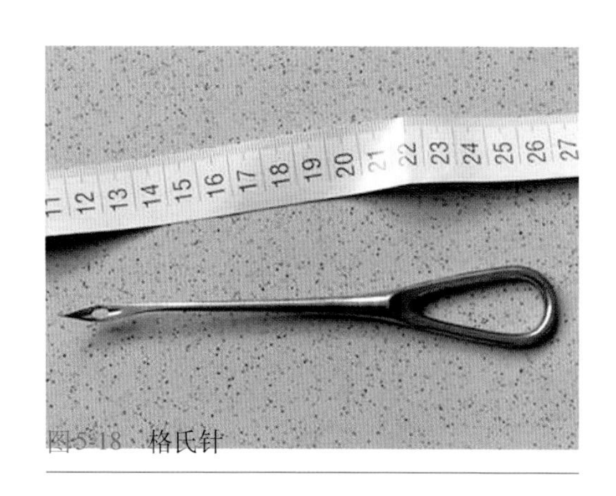

图5-18 格氏针

此外，如果奶牛没有事先禁食，该方法可能非常困难。

5.6.4.3 药物治疗与监测

无论选择哪种手术方法，都需要在术后使用抗生素和非甾体类抗炎药等药物进行3 ~ 4d的治疗。

需要密切监测刚刚经历手术的奶牛是否有炎症迹象或手术伤口可能出现的并发症（见案例3，第110页）。手术后的几天还应监测采食量并增加日粮摄入量。应首先为母牛提供含优质干草的日粮，然后逐渐将其转换为产奶日粮。

5.7 乳腺炎

与其他疾病相比，乳腺炎对农场和乳品加工业造成的经济损失更大。兽医的任务之一是降低牛奶生产过程中的农场成本。因此，预防乳腺炎尤为重要。

为了获得优质的牛奶和农场盈利回报，所有牛奶质量管理系统都包括关键控制点和自我控制系统。这些系统需要定期审查，因为这对于控制生产过程和保障最终产品的质量至关重要。

程序与格氏针

一旦皱胃被重新定位，缝合线的末端被带到切口外面，针头穿上线后，第一针在助手的帮助下缝合，助手用钝物（如镊子）从外面向上指出正确的位置。在将皱胃固定到位后，将格氏针带到切口外侧，并从针上取下线。将缝线打结，进行第一针固定，将皱胃贴附在腹壁上。然后，外科医生小心地取出针头，从手术区域的下方调整好体外的两个线头后，外科医生要确保大网膜和腹膜之间没有任何东西。最后，将缝线打结，留下一个长的线头（约10cm），7 ~ 12d拆除缝线。

但是，由于缺乏有关特定农场乳腺炎的数据，很难准确地评估问题，消除特定疾病暴发的风险因素并就患病动物的治疗或不治疗做出正确的决定。

本节介绍了笔者在奶牛乳腺炎研究方面的经验，并介绍了与西班牙圣地亚哥德孔波斯特拉大学工学院农林工程系合作进行的一项研究的结果，其中包括西班牙坎塔布连海岸奶牛场乳腺炎的成本评估。

5.7.1 乳腺炎的成本评估

这项研究的目标是“奶牛场乳腺炎的成本评估”(Angel Castro，María Matilde Hernández and Jose Manuel Pereira)，分析了5个奶牛场的损失，评估了与乳腺炎有关的成本。生产应归因于三个特定参数：感染、治疗和废弃牛奶。该成本评估不包括人工或兽医护理的费用。

5.7.1.1 汇编数据

本研究中使用的数据收集于2008年1月至2009年4月期间。笔者处理了与牛奶产量和细胞计数有关的各种数据。通过每头奶牛的每月个体评估来监测牛奶产量和体细胞计数（SCC）。将获得的细胞计数转换为对数标度（0 ~ 9）或线性评分，从而得到一个正态分布的数据集，进而简化了计算和统计分析。结果值代表每头奶牛每月的体细胞计数，可用于预测每头奶牛每天的生产损失。

尽管通常农场不会保留乳腺炎治疗的记录，但这些数据可从本研究中包括的、经过认证的奶牛场获得，并使用输入了以下每个参数的数据表进行记录。

- 母牛的编号或名称。
- 患病季度（如果适用）。
- 治疗期间的挤奶次数。
- 废弃牛奶的挤奶次数。
- 治疗原因。
- 药物治疗。
- 治疗的开始和结束日期以及每次给药的剂量。

这些信息补充了每头奶牛的生产数据和体细胞计数。尽管监测所有这些参数非常重要，但是大多数奶牛场很少这样做。

5.7.1.2 研究结果

在这项研究中，在2008年1—12月和2009年第一季度收集了因乳腺炎引起的费用的数据，而仅在2008年收集了每头奶牛的费用数据。后者反映了每头泌乳奶牛的成本，即因乳腺炎引起的费用除以农场中的奶牛总数，而不仅仅是受乳腺炎影响的奶牛。

牛奶损失

通过考虑线性评分（LS）和奶牛每天的牛奶损失来确定与不同体细胞计数值相关的生产损失：（LS−2）×0.66。

评估所有体细胞计数（SCC）>200 000个/mL的奶牛。

5.7.1.2.1 废弃牛奶的成本

表5-2显示了由于不遵守治疗休药期而无法出售牛奶所致的每头奶牛和每例乳腺炎奶牛的成本。

- 因乳腺炎而废弃的牛奶量为198.5 ~ 299kg/箱（平均：231.8kg）。这些数字意味着每箱平均损失80.2欧元*（范围：69.4 ~ 105.5欧元）。
- 每个农场每头奶牛平均废弃的牛奶量为228.8kg/（牛·年）或82.5欧元/（牛·年）[范围：24.5 ~ 161.6欧元/（牛·年）]。

5.7.1.2.2 治疗成本

表5-3显示了每头母牛和每例乳腺炎奶牛的治疗成本。

- 每箱平均为116.3欧元（范围：75.8 ~ 172.5欧元）。
- 每头奶牛的平均成本为37.4欧元/（牛·年）[范围：13 ~ 74.5欧元/（牛·年）]。

5.7.1.2.3 产奶量减少的损失

最大的平均产奶量损失发生在6月和7月。不同农场产奶量损失的差异很大，取决于牛群的大小，每月损失的牛奶量为500 ~ 4 500L，甚至更多。

表5-2 每头母牛和每例乳腺炎奶牛废弃牛奶造成的成本

农场	1	2	3	4	5	均值
每箱成本						
未售出牛奶（kg/箱）	220	214.9	198.5	226.6	299.1	231.8
欧元/箱	74.5	73.8	69.4	77.6	105.5	80.2
每头母牛的成本（由牛群中是否有乳腺炎确定）						
未售出牛奶[kg/（牛·年）]	72.9	449.5	69.7	344.8	207	228.8
欧元/（牛·年）	25.9	161.6	24.5	124.9	75.5	82.5

* 损失成本是根据进行研究的年份（2008—2009）的牛奶价格计算得出的。

表5-3 每头奶牛和每例乳腺炎奶牛的治疗成本

农场	1	2	3	4	5	均值
每箱成本						
欧元/箱	156.2	86.8	75.8	172.5	90.1	116.3
每头母牛的成本						
欧元/（牛·年）	28.3	74.5	13	36.6	34.6	37.4

表5-4显示了由于亚临床型乳腺炎导致的产奶量损失所造成的每头奶牛每年的成本。

平均产奶量损失为275.1kg/（牛·年）[范围：249.3 ~ 299kg/（牛·年）]。这意味着每头奶牛每年的平均成本为101.2欧元［范围：91.3 ~ 110.5欧元/(牛·年)]。

虽然表5-4不包括每例乳腺炎奶牛的评估成本（因为没有每种治疗的特定SSC值的数据），但可使我们能够确定因每例乳腺炎奶牛而导致的产奶量下降。无论如何，对所有记录的乳腺炎病例而言，由于产奶量损失所导致的总成本估计平均每例为145欧元。尽管这些计算并不能完全反映现实情况，但由于是针对整个牛群计算生产损失的，因此它们可以有效地表明亚临床型乳腺炎（这种疾病通常没有引起注意和治疗）的成本。

表5-4 每头母牛产奶量损失造成的成本

农场	1	2	3	4	5	均值
每头母牛的成本						
每头母牛产奶量损失（kg/牛）	299	249.3	295.5	266.4	265.4	275.1
欧元（牛·年）	110.5	91.3	108.7	97.6	98.1	101.2

5.7.1.3 结论

将所研究的三项成本（废弃牛奶、治疗和产奶量减少损失）加在一起，得出每头母牛每年的平均成本为221.1欧元。其中产奶量损失占46%［与Mintelburg（2007）研究结果一致]，37%是废弃牛奶，17%是治疗成本。

每例乳腺炎奶牛的平均成本为196.5欧元；这是通过仅考虑废弃牛奶的成本和治疗成本来计算的，后者占最终估算值的59%。

最终，与乳腺炎相关的费用非常高。图5-19总结了整个2008年所研究的农场遭受的损失。这些农场中每个农场的平均损失为13 863欧元（单个农场的损失：5 950 ~ 25 650欧元）。

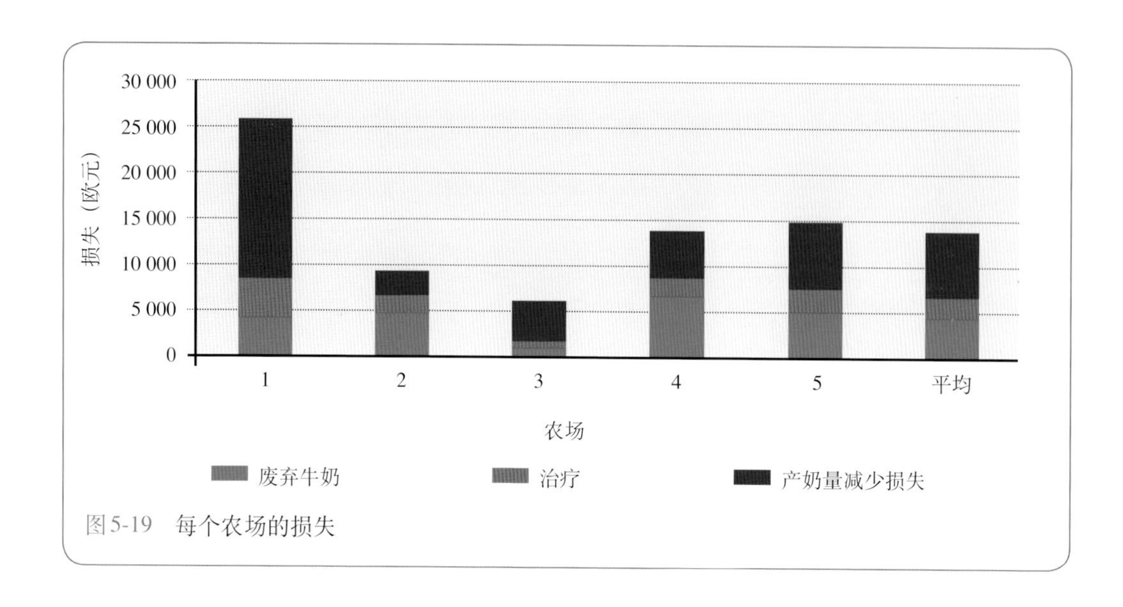

图5-19 每个农场的损失

6 奶牛管理

奶牛管理这一主题包含的内容非常广泛，很多相关书籍都以此作为整本书的主题。在本章中，将集中讨论与围产期管理相关的问题，围产期的错误管理方式会直接导致奶牛新陈代谢失衡。事实上，所有影响动物福利的管理决策都会引发这种失衡。

6.1 群体管理

一般来说，良好的管理力求在奶牛的所有活动中确保适当的动物福利，包括：

- 采食
- 饮水
- 休息
- 活动

6.1.1 固体饲料

应为奶牛提供充足的优质饲料。

6.1.1.1 数量

在一些农场，会一次配给2d食用的饲料；只要天气不太热，且奶牛都能吃到足够的饲料，这种做法就没有问题（图6-1）。但是，如果日粮中含有不稳定的成分，就会出现问题。如果供给奶牛成分单一的饲料，饲料的适口性会较差。新引进的奶牛对饲喂方式的变化最敏感。

奶牛应该一天24h都能吃到饲料。

如果有时发现奶牛缺乏饲料，应该改进饲料配送系统（图6-2）。

图6-1　使用轨道系统进行2d的定量配给

图6-2　喂食台仅有少量饲料

6.1.1.2 质量

在饲料质量方面，应考虑饲料的微生物数量和营养两方面。农场的营养师应确保为动物提供适口、营养均衡的日粮，并正确配给（图6-3至图3-8）。

固体饲料

图6-3　饲料定量分布在光滑、易清洁的树脂饲喂台表面。不锈钢表面是一个优质且经济的替代品

图6-4　避免长时间将饲料直接暴露在阳光下

图6-5　在使用固定饲料配送系统且奶牛不可移动时，很难监测到某一奶牛吃不到饲料，而使用轨道系统时，则很容易检测到。在这个例子中，右起第2头奶牛就没能吃到饲料

图6-6　喂食区的自动饲料分配器，使奶牛更容易吃到饲料

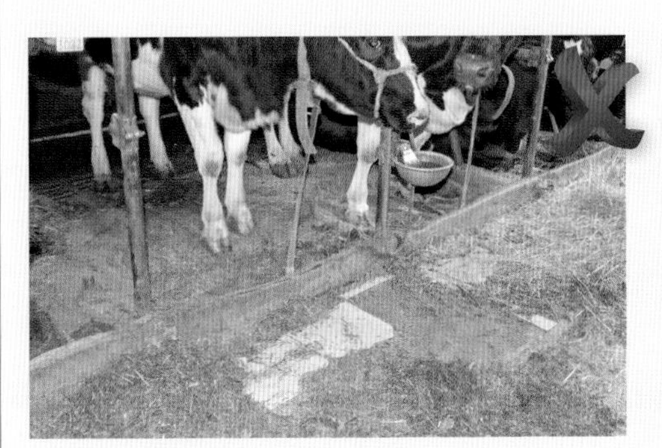

图6-7　瓦片饲喂台状况不佳

图6-8　金属表面饲喂台更加卫生、易清洁

6.1.2 饮水

应提供充足的优质饮用水。饮用水必须符合一定的卫生和感官要求，并应始终提供给动物自由饮用（图6-9）。强烈建议使用含氯消毒剂或其他消毒产品净化饮用水，以确保水质良好。从长期效益相看，对饮用水供应、净化系统的投资是最少的（图6-10至图6-13）。

图6-9 在角落有尖角的脏饮水池，不符合饮用水水质要求且容易引发危险

水槽

图6-10 饮水槽前应无障碍，并含有足量的优质水

图6-11 饮水槽不易接近，至少应加以保护，以免发生事故

图6-12 在这种情况下，水槽的位置会导致饮用水溢出，从而淹没相邻的卧床

图6-13 有突出物的饮水槽可能导致事故(a)。槽的边缘会钩伤或刮伤牛，并导致皮肤撕裂（b）。注意饮水槽对奶牛造成的伤害（c）

6.1.3 休息

牛舍卧床的设计和布局对动物的福利至关重要（图6-14）。Neil Anderson概述了一个卧床必须满足的5个重要的要求，以确保奶牛能够正常休息。

- 两侧有足够的空间，颈部和头部可自由活动。
- 足够的空间使奶牛在站立时头部可任意靠在隔间分隔栏的任意一侧而没有阻碍。
- 有足够的空间让奶牛卧下，把四肢、乳房和尾巴放在同一水平面上休息。
- 足够的站立空间或卧下时不受颈轨、隔板或支撑物的伤害。
- 干净、干燥、柔软的卧床。

除了这5项基本要求外，还应遵守以下有关卧床占用率的建议：

- 干奶期牛群：入住率90%。

图6-14 奶牛休息正常。注意，母牛在卧床中有足够的空间，它的头可以向两边移动

■ 产前奶牛群：入住率85%且卧床要更宽。

设施的卫生清洁也影响动物的健康和福利（图6-15至图6-21）。图6-22所示的一处奶牛舍中，自动清洁系统损坏，无法实现完全清洁粪道。牛床附近卫生条件极差，本应保持清洁的奶牛阴门、尾巴、乳房等却暴露在粪便中。

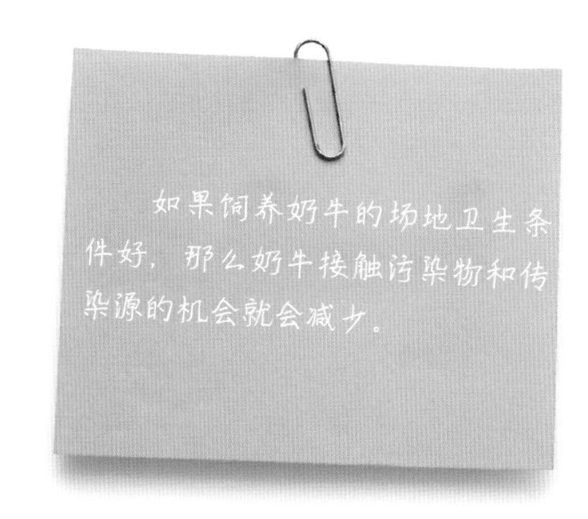

奶牛卧床类型

图6-15 精心设计的卧床：正面（a）和侧面（b）视图

图6-16 设计不当的卧床

图6-17 设计合理但维护不善的卧床

图6-18　牛床应该舒适平整。照片所示的牛床应覆盖一层沙子或其他材料

图6-19　一个好的沙床，舒适且易于清洁

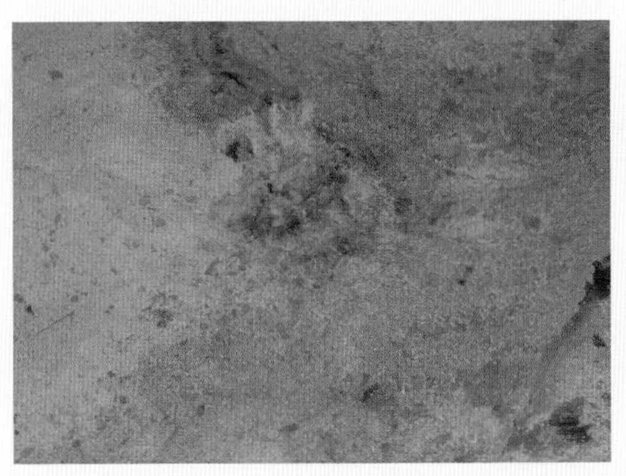

图6-20　注意牛床上堆积的污垢。定期维护和清洁卧床对预防乳腺炎至关重要

图6-21　橡胶垫可作为一个很好的牛床垫，并能减少垫料的使用量

图6-22　自动清洗系统的故障导致污物在牛床附近堆积

6.1.3.1 卧床尺寸

图6-23显示了奶牛卧床的设计尺寸。

牛舍的卧床设计不当会导致以下情况：

（1）奶牛经常调整自己的位置以适应卧床（有时位于卧床和过道之间）（图6-24）。

（2）在休息时，可以站着也可以卧着时，大多数奶牛仍然站着。

以下行为提示奶牛卧床的尺寸使其无法舒适地休息：

- 在做任何动作之前，先闻一闻地面。
- 由于缺乏足够的空间，头部不断地左右移动。
- 在卧下或站起来之前做多次尝试（图6-25）。

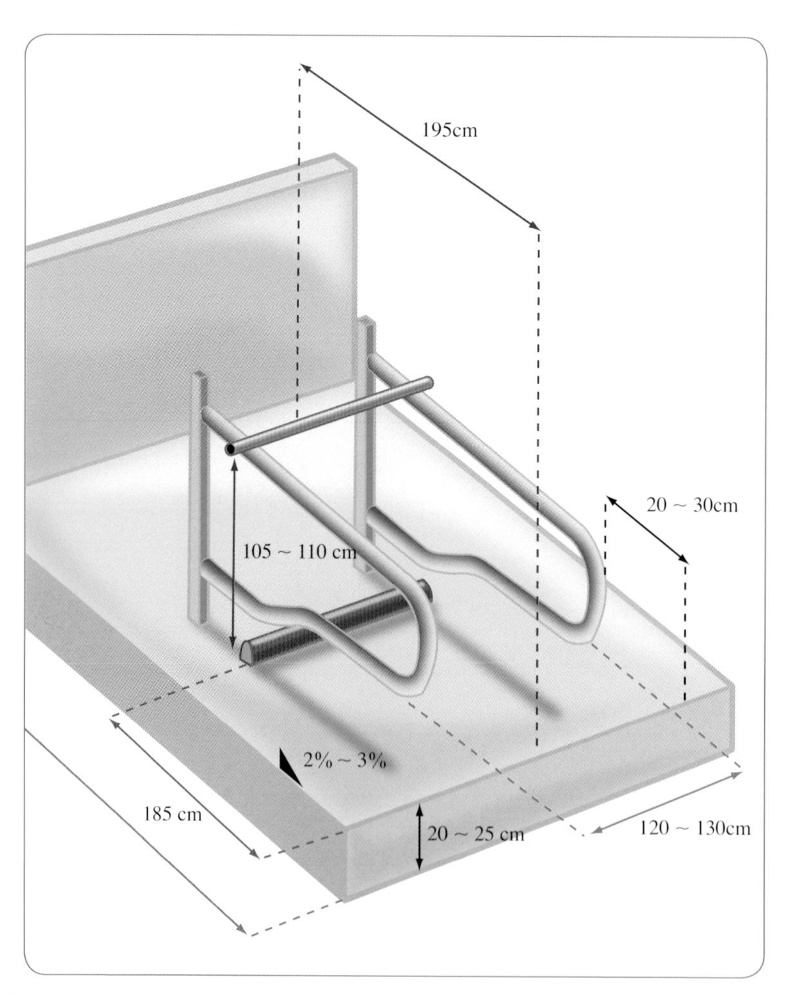

图6-23 奶牛卧床的尺寸示意。改编自Colleu, B. Le gabarit des vaches évolue, le réglage des logettes aussi. PLM. Production laitière moderne, June 2009, p30-32

图6-24 奶牛站立，前脚在卧床里，后脚在过道里。在很长的一段时间内这些奶牛既不能很好地站着，也不能卧下

图6-25 当奶牛试图卧下时，它不断地跪下、站起来

这种不适会导致姿势异常，但这个问题通常很容易解决。图6-26显示了一头姿势异常的奶牛。注意，小卧床的上水平杆（离墙约40cm）和下水平杆阻碍了奶牛向前移动。这种小卧床的设计使奶牛很难舒服地卧下，会引起姿势问题。正常情况下，采食后，85%的奶牛应该躺在卧床里。其中的50%进行反刍。2h后，90%的奶牛应该躺在卧床里（图6-27）。如果比例达不到，则表明卧床的设计不利于奶牛的休息（图6-28至图6-34）。

图6-26 在一个设计不佳的卧床中姿势异常的奶牛

图6-27 在一天中任意时候，站着的奶牛比例均过高，表明卧床的设计有问题

休息设施和卧床

图6-28 不良的卧床设计会导致奶牛背部反复受伤。在这种情况下，因为牛出现了跛行，问题还会越来越严重。因此，这头牛应该转移到别处

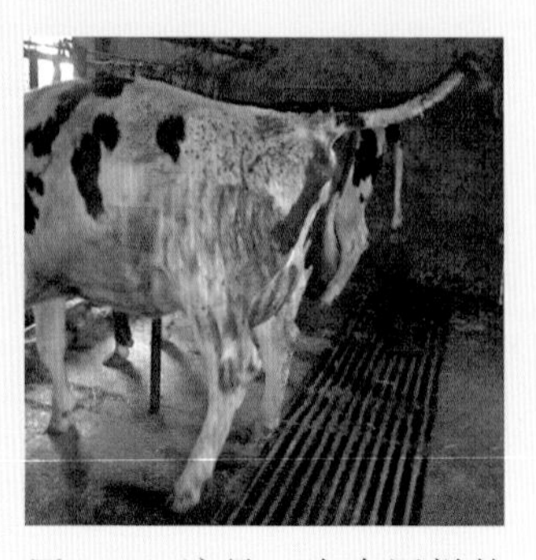

图6-29 这是一个有围栏的固定卧床，牛床的尺寸不合适，奶牛可能会直接躺在格栅上。注意奶牛后肢上的痕迹，这表明它不舒服

图6-30 奶牛应该比较干净。当卧床的设计不合理和清洁不充分时，可以观察到奶牛身体的某些部位比较干净，但某些部位很脏

图6-31 被粪便污染的格栅不是产犊的最佳场所

图6-32 产房要宽敞干净

图6-33 刚引进的奶牛应安置在舒适、不拥挤的场地

图6-34 在许多牧场，干奶期奶牛经常被饲养在不适当的场地

6.1.4 运动

运动对妊娠的母牛很重要，应该给母牛提供足够的空间。刚产完犊的奶牛身体经历了较大的应激，应逐渐恢复规律的生理活动（图 6-35至图6-46）。

奶牛舒适度（一）

图6-35　奶牛在采食区的位置有时会受到陡峭台阶的影响，这些台阶会导致腿部受伤

图6-36　设施的过道必须足够宽

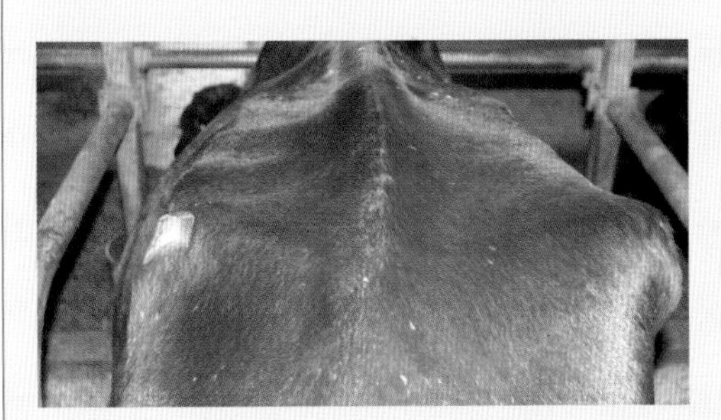

图6-37　过道或出入门处绝不应该有可能造成伤害的突起物、尖锐物

图6-38　清洁刷具有抗应激作用，可以提高奶牛的舒适度

图6-39　应提供舒适的垫料，如过道可以铺上橡胶垫

图6-40　在这个农场，过道的一半都铺上了橡胶垫

奶牛舒适度（二）

图6-41 整个过道都铺了橡胶垫的农场

图6-42 注意等候区的床垫。这大大提高了奶牛的舒适度，特别是在每天挤奶3次的农场，奶牛会在这一地区等待很长一段时间

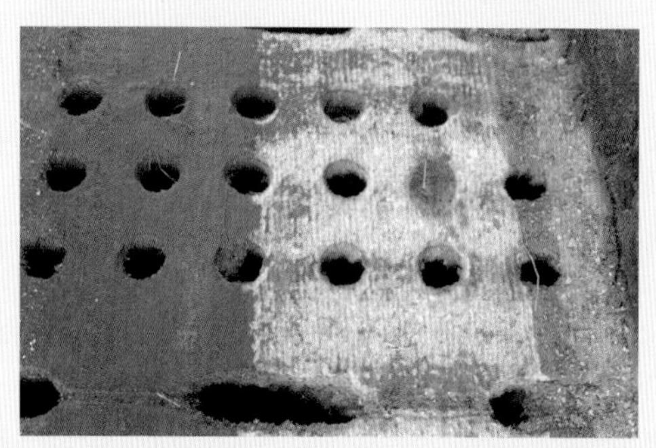

图6-43 应注意确保地板不打滑。在这个农场，混凝土地板上刻着凹槽（白色部分，右）

图6-44 注意这个农场使用了全槽地板

图6-45 站姿（蹄的角度）有助于判断奶牛的舒适程度。应该记录修蹄的时间和次数

图6-46 如果大多数奶牛正在休息（高达90%的奶牛在进食2h后卧下），那么这些设施就相当舒适

6.2 个体管理

在围产期，需要根据奶牛自身的特殊情况制订相应的管理策略。

6.2.1 干奶期计划

表6-1显示了农场干奶期奶牛的数据。在这个案例中，有8头干奶期奶牛，农场主预测从预计产犊日期算起，平均干奶期为82d，超过了推荐的60d。成母牛干奶期的偏差最大。

通过分析这些数据，我们可以识别出更有可能有代谢问题的奶牛，并及时采取适当的措施。

- 4、5、6、7号牛的干奶期过长。这是由几个因素造成的：空怀期过长，而且由于产奶量问题、乳腺炎等，不得不很早就进入干奶期。
- 1号牛的干奶期太短，这恰好是一头初产奶牛。一般在产奶量高的牛中才能出现这样的数据，这种牛干奶期一般要故意延后。但在实践中对初产奶牛不鼓励这种将干奶期延后的做法。

表6-2显示了对表6-1中数据的另一种分析。

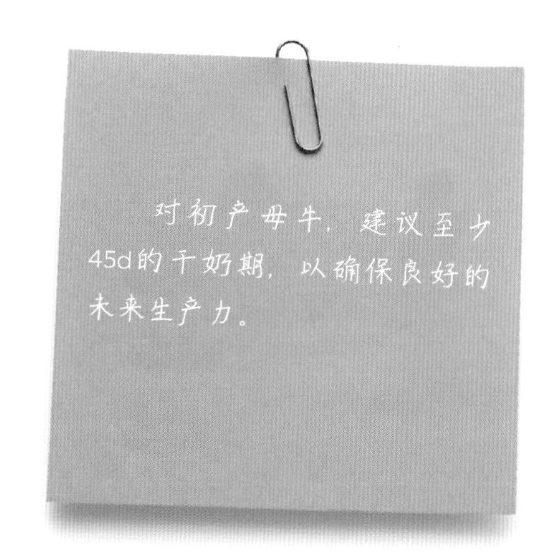

表6-1 干奶期奶牛的数据（资料来源：www. cowsulting.com）

母牛	产犊数	预计干奶日期	实际干奶日期	干奶日偏差（d）	预计产犊日期*	实际干奶期（d）
1	1	24/09/2012	18/10/2012	24	23/11/2012	36
2	1	11/11/2012	13/11/2012	2	10/01/2013	58
3	2	06/09/2012	05/09/2012	-1	05/11/2012	61
4	4	11/10/2012	12/09/2012	-29	10/12/2012	89
5	5	15/09/2012	17/07/2012	-60	14/11/2012	120
6	6	07/10/2012	12/09/2012	-25	06/12/2012	85
7	7	30/11/2012	05/09/2012	-86	29/01/2013	146
8	9	11/11/2012	13/11/2012	2	10/01/2013	58

*实际上，如果产犊日期推迟，预计的干奶期就会改变。

表6-2 干奶期奶牛汇总数据（资料来源：www.cowsulting.com）

干奶期	奶牛数量	平均干奶期（d）	<40d	40 ~ 70d	>70d
第1次产犊	2	47	1	1	0
第2次产犊	1	61	0	1	0
≥第3次产犊	5	100	0	1	4
总计	8	82	1	3	4

6.2.2 双胎妊娠

在双胎妊娠的情况下，分娩时间应早于预计的产犊日期。实际产犊日期和预产期之间的差异取决于胎儿的特征。例如，如果小牛的父本是一头肉牛，则会延迟产犊。在计划干奶期时，必须考虑这些参数，以避免出现问题。

双胎妊娠最常见的产后疾病是低血钙、胎盘滞留和皱胃变位。因此，应监测怀双胞胎的奶牛，在产犊之前，应注意其母本的产犊数量和分娩过程中曾表现出的任何缺陷。可以采取的一些预防措施包括用钙、催产素或麦角新碱（如适用）促进分娩顺利完成，并将母牛安置在一个大的产房（有利于产犊）。这些母牛需要更大的空间和舒适度。

切记

双胎妊娠奶牛产犊后，腹腔会空出很大的空间，因此这些奶牛更容易发生皱胃变位。应密切监测！

6.2.3 初产母牛

显然，初产母牛在第一次产犊的每个阶段都需要较长的适应期。这构成了这些初产奶牛面临的第一大应激。一般来说，初产母牛需要2倍于成年母牛的时间来适应新的日粮，尽管这取决于前期日粮和接下来更换的日粮种类（图6-47）。

在一些地方（如西班牙北部的坎塔布里安海岸），初产母牛通常在产犊前留在牧场上，而在那里，对它们的监测较少。因此，对这些奶牛应谨慎管理，特别是在涉及发育不良或身体状况不佳的情况下。

初产母牛在第一次产犊后仍处于生长阶段，导致每头母牛的产奶量较低，体况得分也较低。

图6-47 提供给初产母牛的饲料应符合营养学家的建议，而不应由农场主一时兴起决定

6.2.4 放牧的奶牛

与舍饲奶牛相比，对干奶期放牧的奶牛的监测较少（图6-48）。此外，放牧的奶牛往往无法满足机体对必需矿物质的需求。在新鲜草地上放牧的奶牛，由于草中钙含量高而引起代谢平衡的改变，更容易患低钙血症。这种情况应该预防。

从营养学的角度来看，围产期奶牛舍饲更加合理一些。这不但能对奶牛进行密切监测，也可以渐进地过渡到产后日粮。然而，应记住，将以前在牧场放牧饲养的不同批次奶牛混群舍饲存在挑战，这本身会造成一定程度的应激。

图6-48 干奶牛在牧场饲养

6.2.5 批次建立和成群移动

应仔细规划奶牛的移动，牛的移动越少越好。理想的解决方案是使用散栏饲养干奶牛和初产母牛。如果初产母牛不是舍饲的，则它们应该在产犊前一两个月熟悉卧床，以便适应。还建议把奶牛赶过挤奶室，使它们习惯于狭窄的过道。

理想情况下，产后初产母牛应该与成母牛分栏饲养，尽管在实践中很难做到。将初产母牛和成年母牛同栏饲养可能引发等级不均问题和产后疾病（见案例4，第114页）（图6-49至图6-53）。

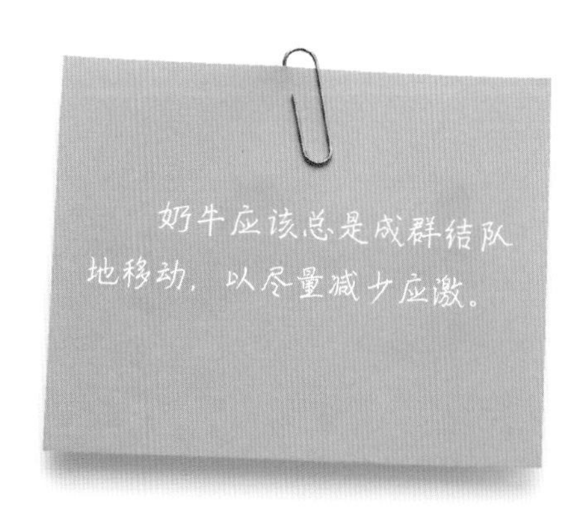

6.2.6 干奶牛产后代谢问题的预防

第5章详细介绍了一些奶牛产后疾病。不过，一般来说，若遵守产前和产后预防方案，可避免这些问题。尤其重

批次建立和成群移动

图6-49 考虑将干奶牛移到牧场可能对其造成的突然应激

图6-50 在许多情况下，公共区域的限位栏可防止奶牛移动，与放牧的干奶牛相比，这样可以更好地进行监测

图6-51 只要牧草充足，并定期监测和补充饲料，就可以在牧场饲养干奶牛

图6-52 所有在室外饲养的干奶牛必须有足够的饲料和质量良好的饮水。饲料和饮水都应避免受到天气的影响

要的是，要将这些措施应用于高危动物，如孕期超时或超声诊断为双胎妊娠的奶牛，干奶期长且体况评分高的奶牛，以及那些产奶量大、泌乳期延长而导致干奶期缩短的奶牛。

以下是一些可用于避免产后代谢问题的产品和药物：肝脏保护剂、维生素、葡萄糖和钙前体、肝脏甘油三酯动员剂、必需氨基酸（促进肝脏代谢）。建议每天监测产后奶牛。农场实施的所有措施和方案必须首先由经验丰富的兽医进行审查（图6-54）。

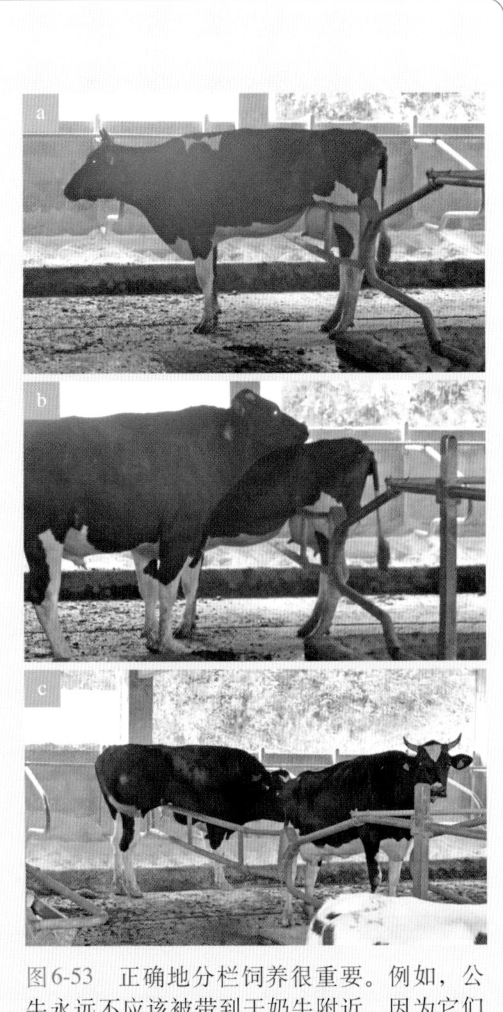

图6-53 正确地分栏饲养很重要。例如，公牛永远不应该被带到干奶牛附近，因为它们的本能行为使其可以跨越障碍物

图6-54 是时候抛弃传统的、自学成才的农民形象，为一个新的、专业的、信息灵通的畜牧业农民让路了

7 案例研究

病例1

蹄壁脓肿

奶牛概况	
年龄	4岁
胎龄	2胎
生产阶段	预产期前5d

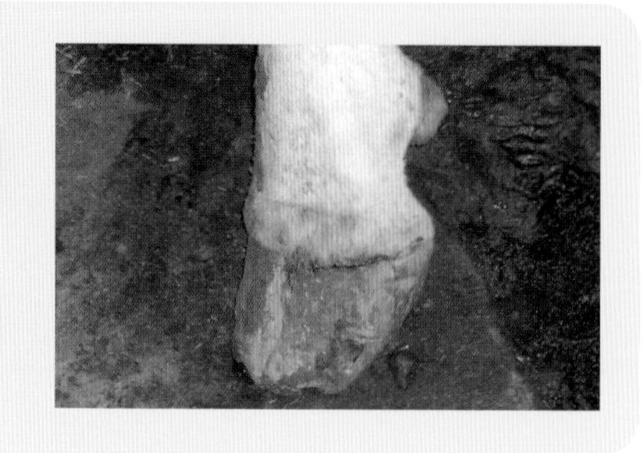

探访原因

农场主发现临产母牛出现跛行。这头母牛刚刚转栏到产房并接受监测。

既往史

这头奶牛长期右侧卧，左后肢严重跛行，尽管这头牛在临产阶段，但是饲养人员却没有对它进行特别的观察。

检查与诊断

奶牛的左后肢蹄壁上有脓肿，脓肿的内容物沿着蹄冠处排出。病牛严重跛行，并发生皱胃左方变位（LDA）。

治疗

兽医决定对它进行引产，并在产犊之后进行手术治疗。奶牛接受以下治疗措施：

- 静脉注射皮质类固醇：磷酸地塞米松（30mg）。
- 皮质类固醇给药后12h，注射天然前列腺素（地诺前列素，50mg）。
- 注射抗生素（阿莫西林，750mg/48h，3剂），预防可能的胎盘滞留及接下来可能需要手术治疗的皱胃左方变位。

进展及预后

在开始接受治疗的40h内，母牛正常产犊。如所料，奶牛发生了胎盘滞留。

在产犊当天和第2天的检查显示，先前诊断的皱胃左方变位仍然存在。产犊48h后，皱胃左方变位手术矫正，并且继续进行抗生素治疗。

在上述治疗方案中加入以下药物：

- 4d非甾体类抗炎药：酮洛芬，1.5g/d。
- 产后4、8、12和22d服用天然前列腺素（地诺前列素，25mg）。

产犊12d后，邀请蹄病兽医治疗蹄壁脓肿。刮除蹄壁（图7-1和图7-2）后，兽医师将蹄垫附在左后肢的蹄内侧趾上，类似于图7-3和图7-4所示。

图7-1 溃疡位于白线附近（通常溃疡位于更中间）。如果不进行治疗，这种损伤将在15 ~ 20d内发展成蹄壁脓肿

图7-2 这种病变的局部变化是液体的积聚，然后找到一条引流的途径，从而形成脓肿。治疗包括附着一个蹄块，为健康的蹄底提供更好的支持

图7-3 类似于先前临床案例中描述的损伤（图1和2）。在这种情况下，损伤一旦出现就立即治疗。蹄块已经附在蹄底上。可以看到液体从蹄壁附近流出

图7-4 决定打开蹄壁，方便排液。由于发现早，几乎没有造成什么损伤

总结

既往史中收集的数据表明，牛在干奶期开始时是跛行的，这表明牛没有得到应有的监测。诊断为蹄壁脓肿，在疾病的这个阶段，应该由合格的蹄病兽医治疗。如果更加细心一些，可以提前察觉早期症状，也可以更容易并且低成本地进行治疗。然而，在此病例中，损伤发展成伴有剧烈疼痛和脓液积聚从蹄冠处排出的急性跛行。这种情况是在产犊前发现的，进而引发其他代谢问题（即LDA）。这原本是一个容易避免的事件，实际上却引发了一个更严重的问题。干奶是短期投资。实际上，这是下一个泌乳期的开始，如果在干奶期不能对动物进行适当地护理，可能会导致成本高昂的问题。在干奶期监测跛行情况尤为重要，因为治疗跛行的时间越晚，付出的代价越大。另外，考虑到分娩过程中耻骨联合的生理分离导致的髋关节不稳定，不应该对刚刚产犊的牛进行蹄病治疗。

病例2

干奶牛跛行：不采取措施的后果

动物档案	
年龄	3岁
胎龄	2胎
生产阶段	妊娠（7.5个月）到干奶期结束

访问原因

兽医在一个农场的干奶牛舍的例行访问中，发现一头跛行非常明显的奶牛。

既往史

奶牛的状态和体况评分适合其生产阶段（干奶期）。该奶牛跛行明显，长时间躺卧。兽医发现问题后，建议进行蹄部检查，以诊断具体疾病，但农场主拒绝，坚持选用其他治疗方法。根据农场主的意愿，奶牛接受抗生素（头孢噻呋钠）和非甾体类抗炎药治疗。

在奶牛产犊前，农场主曾4次使用此方法来进行治疗，企图使用错误的方法解决问题。

检查与诊断

产犊后，奶牛的体况很差，跛行仍然明显，发展为胎盘滞留，并且随后发展为子宫炎。此外，产犊2d后发生皱胃左方变位。

治疗

通过手术治疗皱胃左方变位，在术后给予抗生素进行子宫炎治疗。15d后诊断蹄病，并将牛置于保定栏内对奶牛蹄病进行治疗（图7-5）。确保奶牛有充足的纤维饲料和水。

图7-5　在干奶期，这种疾病一经发现，需要将牛置于保定栏内进行治疗

图7-6 未经治疗发展为趾间皮炎并生长出一个伴有痛感的肉茧

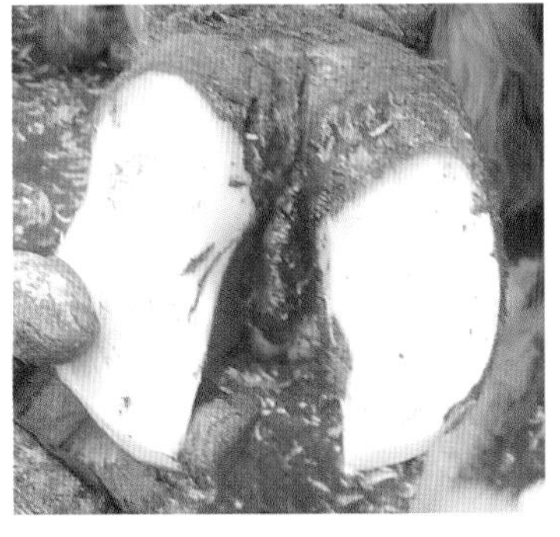

图7-7 理论上，这种情况可以通过清洗、硫酸铜处理及包扎绷带进行治疗

图7-8 正如所料，另一只蹄也受到了轻度影响

图7-9 对病蹄处理后，在患处敷药并用绷带包扎固定5～7d

进展及预后

由于多种并发症（皱胃左方变位、子宫炎和持续50d的跛行）的影响，动物在手术后恢复缓慢。

最后，蹄部损伤得到治疗（图7-6至图7-9）。在处理已形成的愈合组织后，奶牛虽然泌乳高峰推迟，总产量降低，但进展良好。

总结

该奶牛的泌乳高峰（生产的升数）远低于预期，因此达到正常生产所需的时间比农场的平均时间长。考虑到当时的情况，由于农场主担心产前把牛置入保定栏中不安全，奶牛在产犊前没有得到合理治疗，耽误了蹄病的诊断和治疗。所有处理的病例应由兽医以书面形式记录在案，将最初提出的解决方案记录下来。

案例3

皱胃左方变位并发外科脓肿

动物档案	
年龄	6岁
胎龄	4胎
生产阶段	产后4d

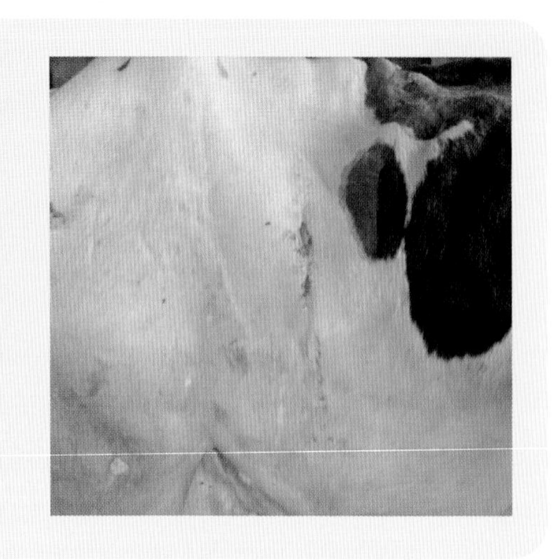

访问原因

一头母牛产后第4天停止采食，因此农场主求助兽医。

既往史

分娩正常，母牛排出胎盘，但产奶量未达预期水平。这头母牛一天挤奶3次，并已记录产奶情况。农场主发现产奶量与前一天相比略有下降。

奶牛的数据表包含了由农场主记录的体温和治疗方案的信息（表7-1）。

附加信息

这头牛饲养于集约型农场，卧床为沙子，自2009年以来每天挤奶3次。饲料由统一进料车分配。母牛产后期间密切监测，并每天记录相关数据（表7-2）。这个农场没有转栏舍。注意显示第2次泌乳的天数（461d），随后直到下一次产犊（表7-2）是523d的间隔。奶牛在第2次泌乳期产量惊人，并有一个合适的干奶间隔（62d）。同年4月（2009年），农场从2次挤奶改为3次挤奶。

表7-1 围产期数据

奶牛识别编号：2083 产犊日期：20/03/2012		观察： 正常分娩，胎盘排出
日期	临床资料	采取措施
产后第1天	早上体温：37.8℃	静脉注射钙离子， 24h后再次给予
	午后体温：38℃	口服丙二醇和静脉注射复合维生素（每日）

表7-2　生产数据

奶牛识别编号：2083									
泌乳次数	出生日期	TDR	泌乳期开始日期	DM	泌乳期结束	干奶期(d)	实际产量(L)	CI	平均每天产奶量(L/d)
1	09/08/2006	715	24/07/2008	306	25/05/2009	58	7 470		24
2			23/07/2009	461	27/10/2010	62	18 869	364	41
3			28/12/2010	329	22/11/2011	119	16 024	523	49
4			20/03/2012	1				448	
总计		715		1 097		239	43 353		39.5

TDR＝饲养总天数（d）　DM＝产奶天数（d）　CI＝产犊间隔（d）

这头牛第3次泌乳的时间是正常的（329d），平均每天的产奶量良好（49L/d）。但是，第3次泌乳后的干奶期过长（119d）。奶牛停止产奶的时间比预期的早。在104d的牛奶中检测到致病性大肠杆菌，奶牛乳腺变为慢性乳腺炎，导致产奶量突然下降，提前干奶，随后是119d的干奶期。

检查与诊断

经过检查，该牛被诊断为LDA。

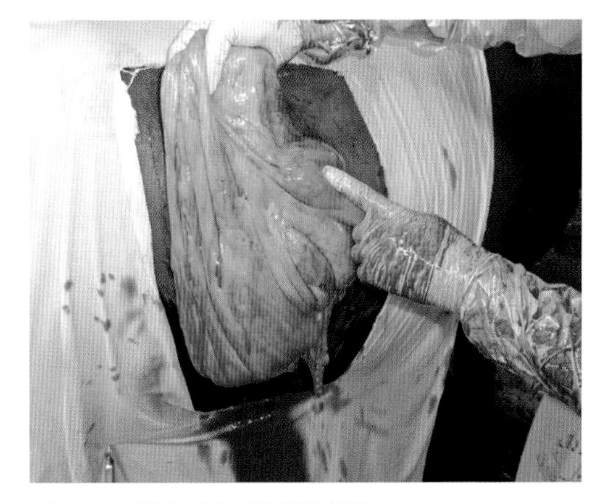

图7-10　显示幽门括约肌部位

治疗

奶牛入院手术矫正LDA，无进一步并发症（图7-10）。手术后，通过静脉注射葡萄糖和复合维生素B进行治疗。非甾体类抗炎药在手术当天和第2天使用。抗生素（青霉素和链霉素）也要服用4d。

进展及预后

这头牛经观察2d，充分恢复后放回农场。随后的检查中未发现酮尿，且体温、生产和采食行为正常。所有相关的动物生产数据都记录在数据表上。

记录的数据表明奶牛进展良好。然而，在出院20d后，兽医再次被请到农场，奶牛的产奶量已经稳定下来，但略有下降。另一项检查显示手术伤口有脓肿（图7-11）。奶牛的体温达39.9℃。

在进行外科治疗之前，先给动物注射镇静剂，并对脓肿周围区域进行消毒。

用手术刀切开脓肿，排脓后，用温水和碘液清洗。最后，伤口开放引流(图7-12)。给予非甾体类抗炎药3d天。农场主继续按照医嘱处理伤口7d。随着脓肿的消退，奶牛的产奶量增加。

表7-3显示了产后期间的每天产奶量变化和发病、治疗情况。

图7-11　如果怀疑有脓肿，应首先进行检查，如本病例报告所述

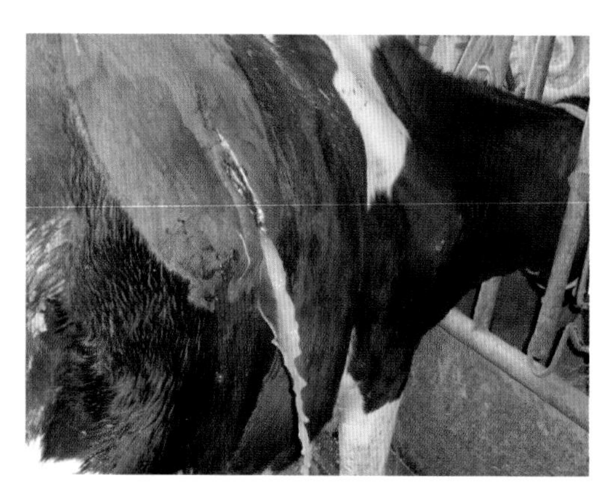

图7-12　脓肿切开后，排出脓液并进行彻底冲洗

总结

术后并发症比较常见，原因如下：一是由于机体对所用缝合材料的排斥反应；二是由于在进行手术时卫生/消毒不到位。虽然许多手术在次优条件下进行也可以解决问题，但临床医生不应忽视并发症问题。在任何情况下，早期发现并发症并迅速果断地进行临床处理是成功解决问题的最佳途径。

表7-3 产后每天产奶量汇总

皱胃左方变位（第3天）

产后天数	1			2			3			4			5		
挤奶时间	AM	MD	PM	AM	MD	PM	AM	MD	PM	AM	MD	PM	AM	MD	PM
奶量（L）	9	6	8.6	9.2	8	8.2	8.6	6.6	7.2	8.8	5.2	7.6	9.2	6.8	8.2
每日总量（L）		23.6			25.4			22.4			21.6			24.2	
温度(°C)		37.8		37.8			38.3			38.2		39.2		38.5	

产后天数	6			7			8			9			10		
挤奶时间	AM	MD	PM	AM	MD	PM	AM	MD	PM	AM	MD	PM	AM	MD	PM
奶量（L）	11	7.8	9	12	8.6	10	11.2	10.6	11.8	13.8	10.0	11.6	13.4	10.2	12.2
每日总量（L）		27.6			30.6			33.6			35.4			35.8	
温度(°C)	30.2	38.6		39.3			39.5			39.3			39.9		

产后天数	11			12			13			14			15		
挤奶时间	AM	MD	PM	AM	MD	PM	AM	MD	PM	AM	MD	PM	AM	MD	PM
奶量（L）	14.6	10.4	12.0	14.8	9.6	12.6	14.8	10.2	12.6	15.0	12.0	12.0	14.8	11.2	12.8
每日总量（L）		37			37			37.6			39			38.8	
温度(°C)	39.4														

产后天数	16			17			18			19			20		
挤奶时间	AM	MD	PM	AM	MD	PM	AM	MD	PM	AM	MD	PM	AM	MD	PM
奶量（L）	15.0	10.4	12.4	15.8	12.2	13.0	16.4	11.6	14.2	16.6	12.0	13.0	16.0	11.0	13.6
每日总量（L）		37.8			41			42.2			41.6			40.6	
温度(°C)															

脓肿治疗（第21天）

产后天数	21			22			23			24			25		
挤奶时间	AM	MD	PM	AM	MD	PM	AM	MD	PM	AM	MD	PM	AM	MD	PM
奶量（L）	14.8	10.2	13.0	14.0	10.4	14.8	16.8	11.8	13.6	16.4	11.8	13.6	16.4	11.2	13.6
每日总量（L）		38			39.2			42.2			41.8			41.2	
温度(°C)		39.0		39.4	38.4		39.3			39.2				38.9	

产后天数	26			27			28			29			30		
挤奶时间	AM	MD	PM	AM	MD	PM	AM	MD	PM	AM	MD	PM	AM	MD	PM
奶量（L）	17.0	10.2	13.2	17.6	12.2	15.2	17.0	12.8	16.0	17.8	14.2	15.2	19.8	13.2	14.6
每日总量（L）		40.4			45			45.8			47.2			47.6	
温度(°C)					38.7										

AM：早上　　MD：中午　　PM：下午

案例4

干奶期与群体关系

动物档案	
年龄	5岁
胎龄	3胎
生产阶段	产后第2天

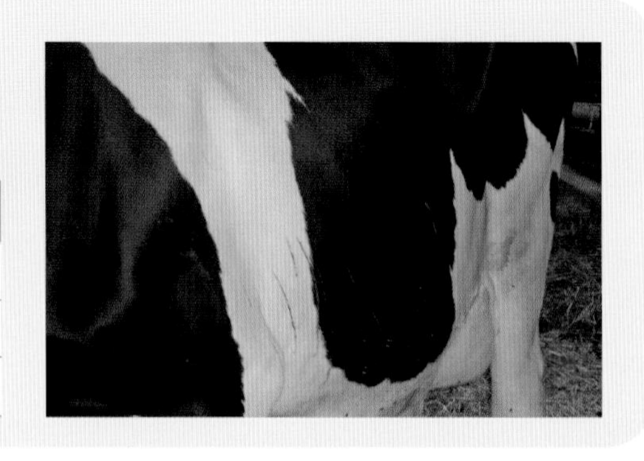

探访原因

农场主在上报了一个奶牛产犊后胎衣不下的案例后请兽医来到农场。这头奶牛早产1周。

既往史

奶牛在预产期前分娩并出现胎盘滞留（图7-13）。通过观察，兽医注意到在干奶牛舍存在没有去角的后备牛与干奶牛待在一起。农场主提到，有时该后备牛对干奶牛表现出攻击行为（图7-14至图7-19）。

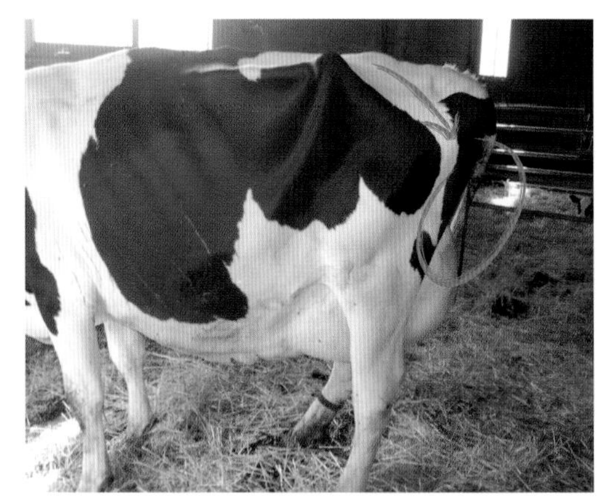

图7-13 注意肋骨区域的角痕（因带角后备牛的攻击而造成的伤痕）和暴露的胎盘组织

检查与诊断

通过对奶牛的视诊确认胎盘滞留，奶牛体温为39℃。尿液分析和其他分析指标正常。

治疗

从产后第2天开始，奶牛使用抗生素（头孢噻呋钠）治疗，每天1次，连用6d；注射非甾体类抗炎药，每天1次，连用3d。产后第4、8、12和22天口服天然前列腺素。

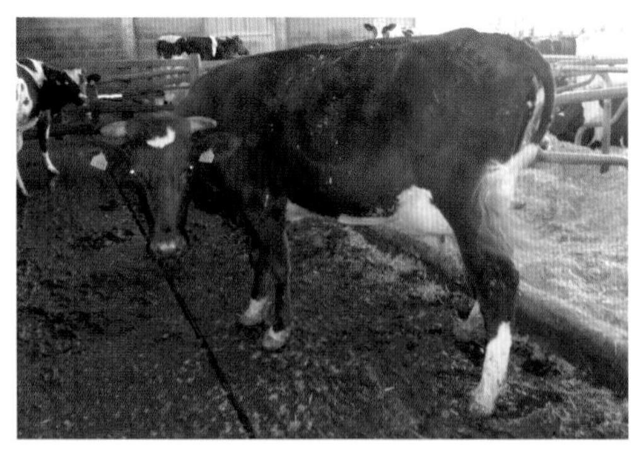

图7-14 后备牛应该去角，在干奶牛舍饲养带角后备牛尤为危险

进展及预后

每2d对奶牛进行检测和复查，进展良好。第9天，奶牛自发地排出整个胎盘。

复诊时，计划进行子宫灌洗，同时在产犊后第20天进行产后检查。

图7-15 使用“抗应激刷”的有角后备牛

图7-16 等待区的有角奶牛

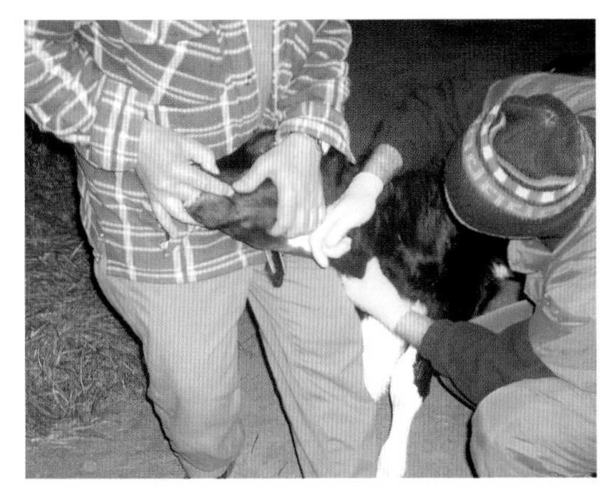

图7-17 无论以何种方法去角，都应对牛注射镇定剂

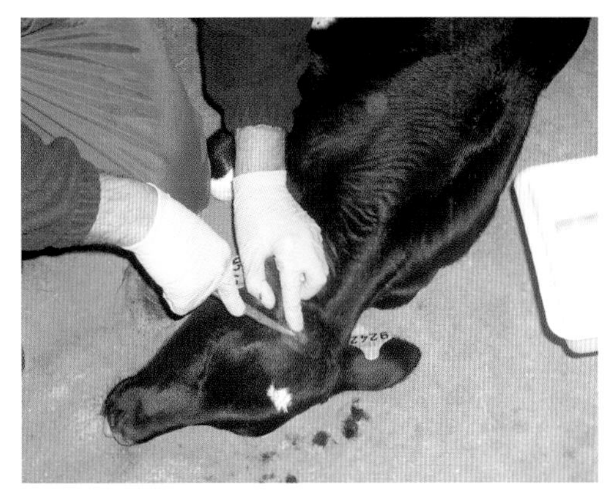

图7-18 最佳的断角时间是在小牛出生后15 ~ 30d，因为手术更容易，奶牛也更容易管理

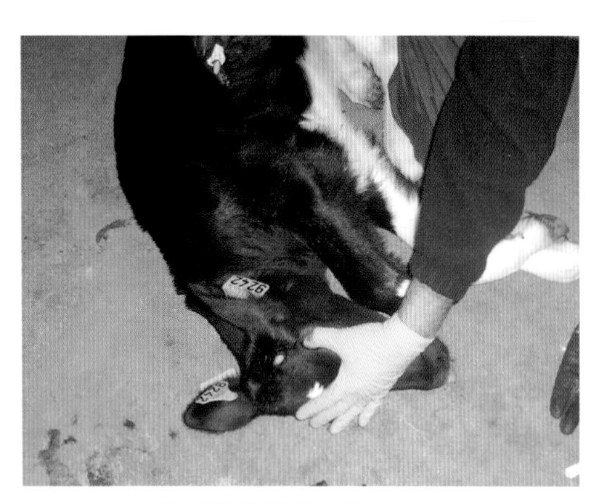

图7-19　早期角芽很容易去掉

总结

如本案例研究所示，超过建议的断角日龄（15 ~ 30d）可能会导致以后出现问题。虽然这一疏忽看起来微不足道，但它对圈养动物的健康和福利至关重要（图7-16）。解决方法很简单，就是用适当的方法，在适当的年龄对奶牛进行常规断角（图7-17至图7-19）。

案例5 初产母牛会阴撕裂

案例5.1

会阴部分撕裂

动物信息	
年龄	27月龄
胎龄	1胎（25.5月龄产犊）
生产阶段	泌乳期47d

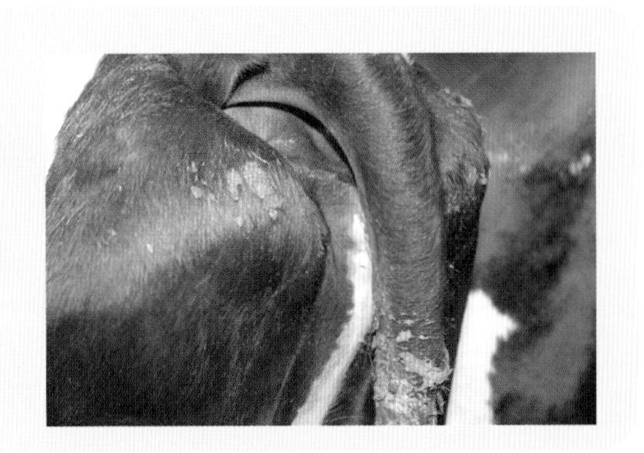

访问原因

农场主数次观察到母牛卧处有白色黏液残留，并发现母牛有高举尾巴的表现。

既往史

患牛产犊期在铺有稻草的产犊区产犊，并由助手进行助产将犊牛头部拉出，其余分娩过程正常。

检查与诊断

该患病奶牛外阴唇纵向偏移，偏离程度较严重（图7-20）。对内生殖区域进行检查显示有阴道积气、扩大、黏液变白（图7-21）。会阴部内侧壁薄弱，但未发生前庭撕裂。

该病例于产后16d确诊，因此决定等子宫完全复旧后再重新进行状况评估。最开始的诊断随后得到确诊，并决定进行重建手术。

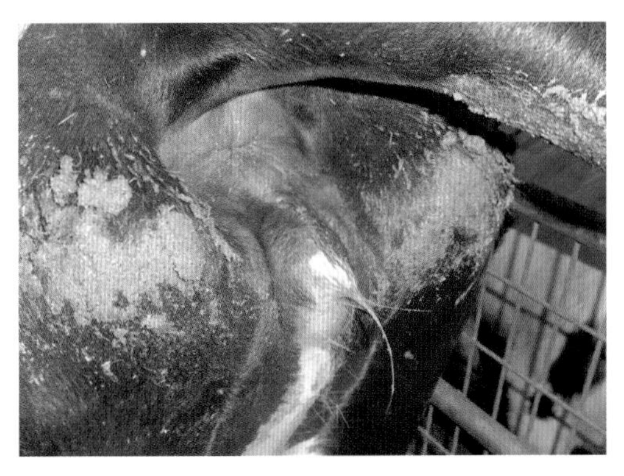

图7-20　外阴唇纵轴侧向偏离、抬高，表明阴道积气

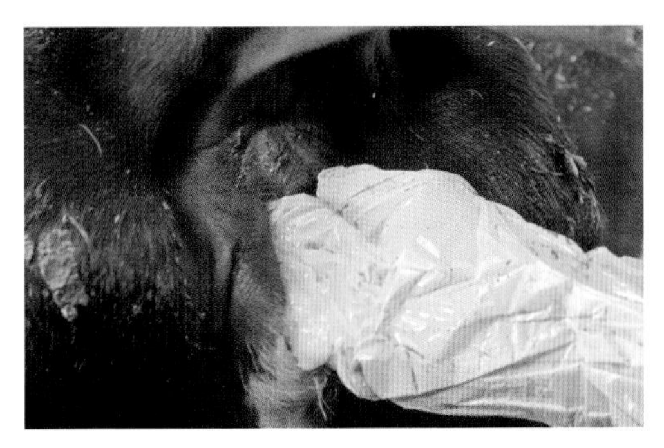

图7-21　检查显示白色黏液是由于进入的空气与阴道分泌物持续混合而形成的

治疗

一个改良式矫正术，用来固定和强化会阴部的薄弱组织。此技术包括斜切阴道顶部，使阴道壁更紧密的结合，使外阴回到正常位置。常规矫正固定术不能阻止空气进入阴道(图7-22至图7-31)。不需要进行抗生素治疗。

发展及预后

通常来说，此类手术预后良好（图7-32)。

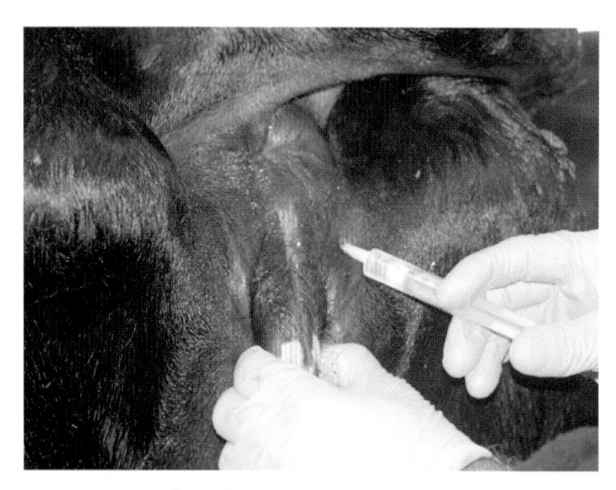

图7-22　硬膜外麻醉后进行皮下局部麻醉

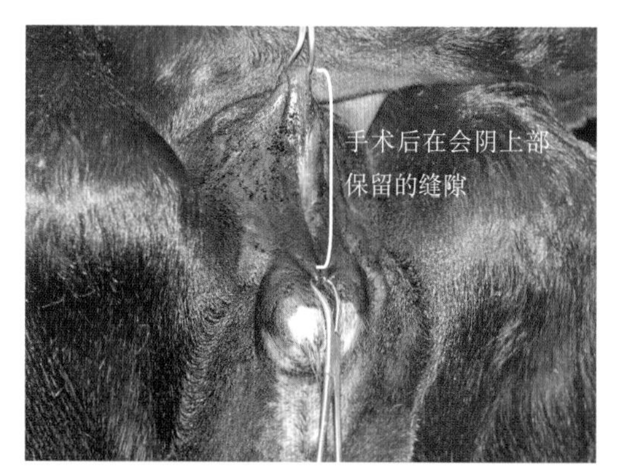

图7-23　术部准备好后，外科兽医在外阴上半部手术以纠正阴道积气

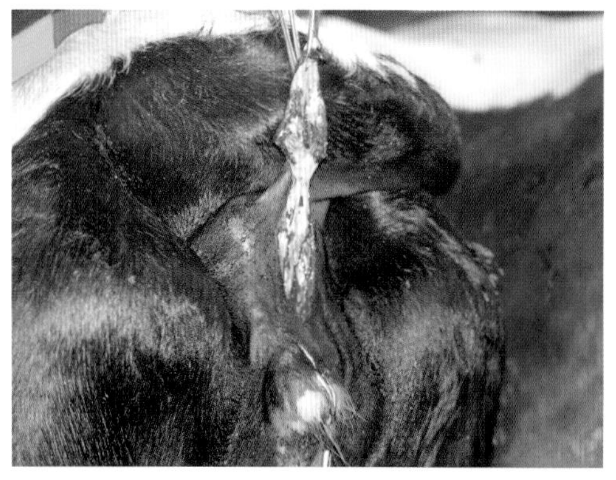

图7-24　先去掉坏死组织，斜切和分离深层组织，使创缘变得坚固，以便闭合垂直裂口

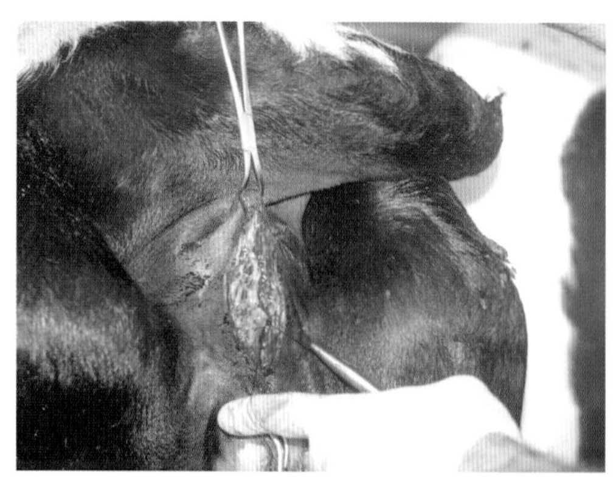

图7-25　使用长40mm的合成聚葡糖酸酯2-0缝线(polyglyconate 2-0 suture)（一种可吸收缝线）和1/2弧度三棱针进行连续缝合

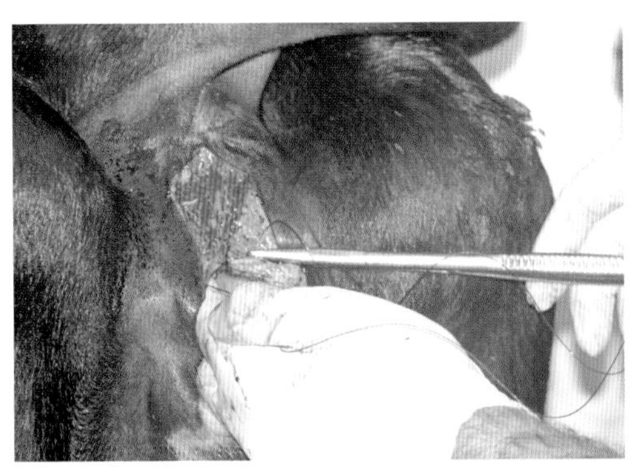

图7-26 皮下组织的第一层从上到下以垂直水平褥式方式缝合，当逐渐向下缝合后形成一个向阴道方向的“脊”，此缝合将阴道顶部闭合，当心不要刺穿黏膜层

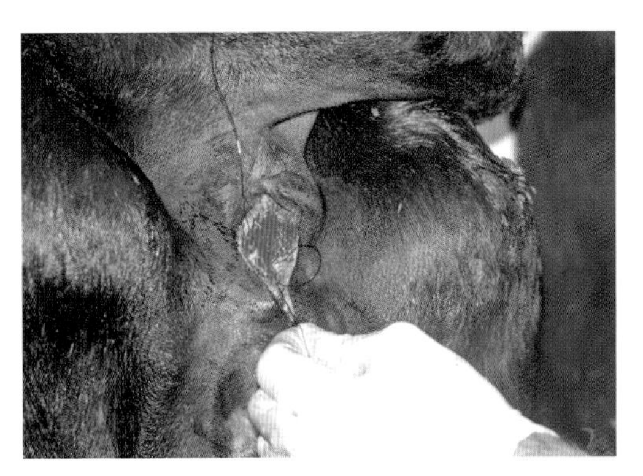

图7-27 到达底部后再从下到上缝合皮下组织

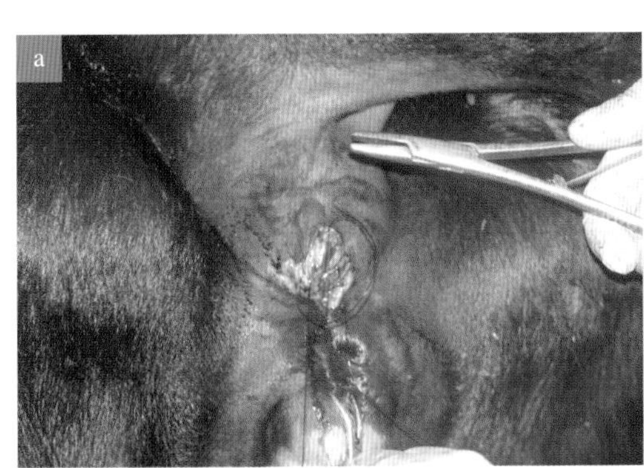

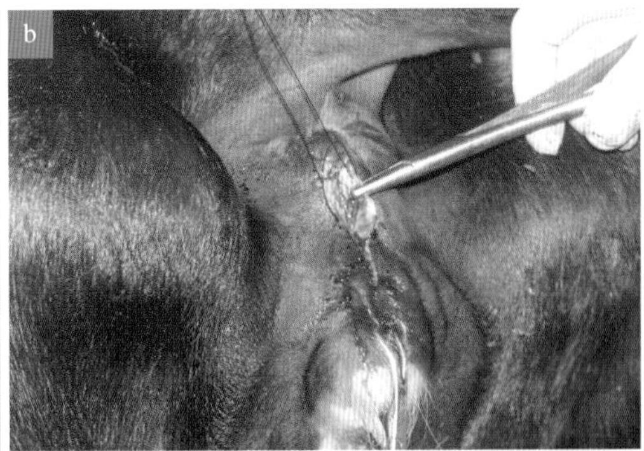

图7-28 缝合至上缘后，再向下缝合，拉紧关闭皮下切口

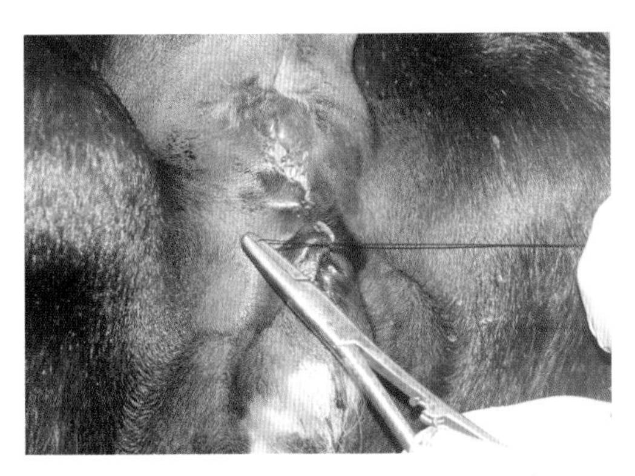

图7-29 继续从下向上U形缝合皮肤组织，最后打结

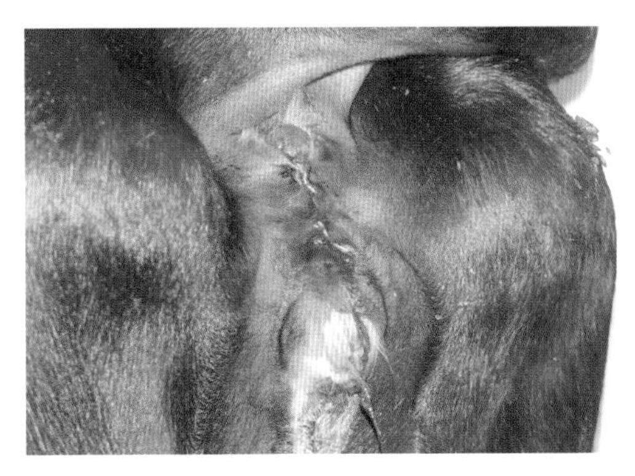

图7-30 通过两个间断的U形缝合闭合伤口顶部

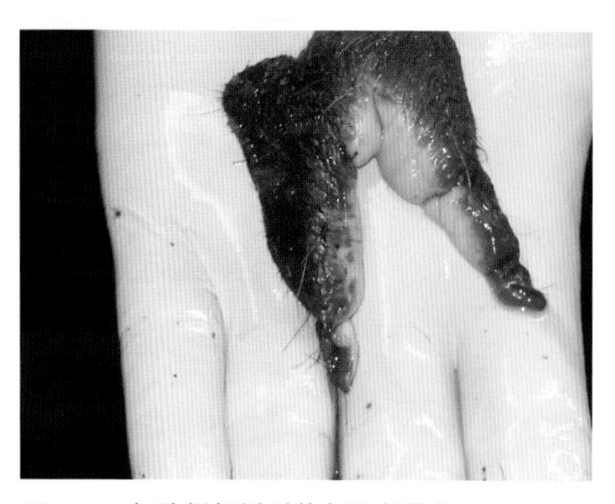
图7-31　切除组织瓣以修复阴部缺损

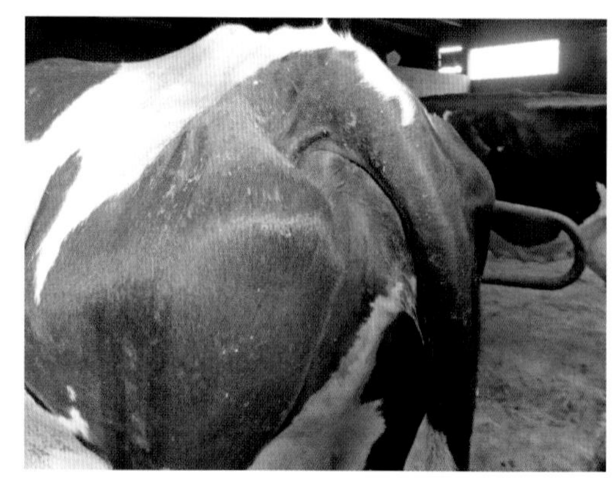
图7-32　术后100d复查，恢复良好

总结

近年来，不论正常或不正常分娩，常有初产母牛发生会阴撕裂，这种情况多数由于初产母牛的生理特性造成，如阴道开口宽度不足等。

这些初产母牛刚刚开始它们的生产周期，尽管现阶段并没有给农场提供任何经济回报，但这些奶牛是未来农场生产的主力，因此兽医在产后疾病治疗、建议或采取必要措施时务必谨慎。通常来说，奶牛在成功产犊并第2次妊娠之前，是没有产生任何经济回报的。

为了避免会阴撕裂造成的损害，建议密切检测临近产犊的母牛，特别是那些初产母牛。早期诊断和快速解决问题，对奶牛的正常发育、泌乳和再次受孕，提高农场的整体生产力起着至关重要的作用。

案例5.2

会阴全撕裂

动物信息	
年龄	25月龄
胎龄	1胎
生产阶段	泌乳期25d

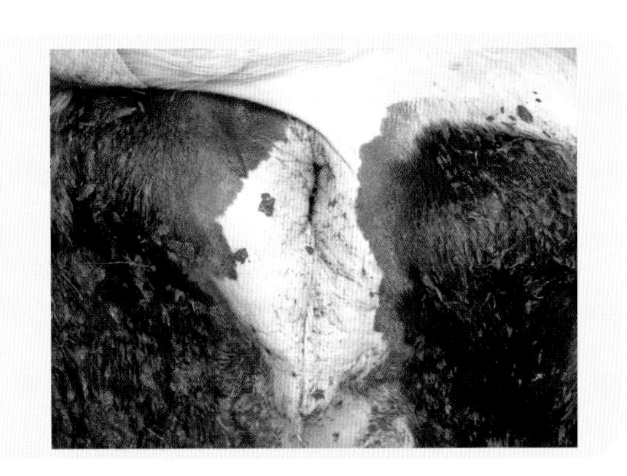

访问原因

农场主发现一头产犊25d的初产母牛食欲废绝。该牛敏感且伴有抽搐。

既往史

农场主在母牛正常分娩时，在向外牵拉犊牛头部，母牛分娩后农场主发现会阴处发生撕裂。然后请兽医当天过来将伤口缝合，后续几日恢复良好，但之后农场主发现该牛会阴撕裂复发。

临床检查与诊断

临床检查显示，由于产犊期间造成的完全撕裂导致会阴组织部分缺失。在产犊当天进行的缝合处可见残留物。诊断为会阴部完全撕裂（图7-33）。

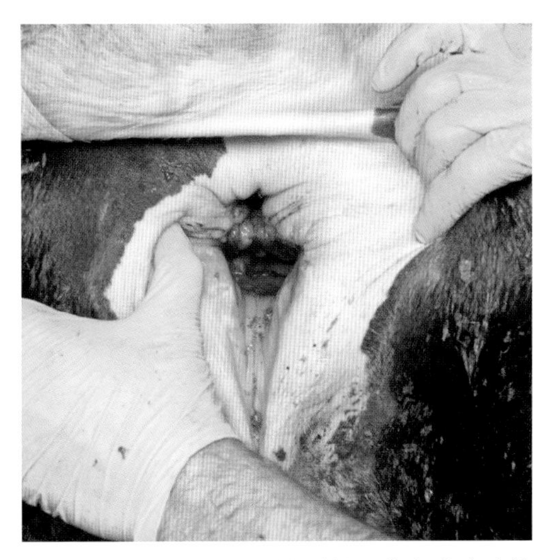

图7-33　分开阴唇可见撕裂的深度和泄殖腔状态。在阴道可以看到粪便的残留物

治疗

由于分娩已经过去25d，撕裂的阴道对母牛的影响极大，因此决定立即手术。重建手术是为了修复破损的会阴和重建阴道。

手术目的是清除旧的结痂组织，重建一个新的创缘，防止形成瘘管并形成一个恰当的会阴区（图7-34至图7-43）。

术前进行硬膜外麻醉及深层皮下局部浸润麻醉（外阴唇和会阴部）。术前术部消毒，并将一条装有毛巾的受精用手套塞入直肠，防止手术期间粪便排出。

使用聚葡糖酸酯2-0缝线和三棱针对直肠及阴道黏膜进行U形连续缝合。新建会阴部皮下组织使用聚葡糖酸酯2-0缝线和三棱针进行间断缝合。使用镀铬无张力针在皮下最浅表的组织进行间断缝合。缝合线必须完全闭合切口（确保每处缝合都吻合良好），以形成坚实的会阴，并且防止瘘管形成。不必使用抗生素，在此情况下使用非甾体类抗炎药氟尼辛葡甲胺给药3d。

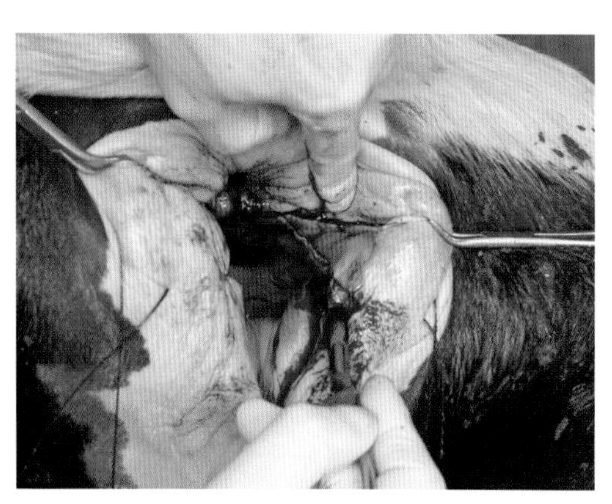

图7-34 切口在撕裂的最深处的直肠黏膜底部和阴道黏膜顶部形成。切口呈三角形，其顶端朝内，直肠和阴道的黏膜在此处汇合，底部朝外，形成新的会阴

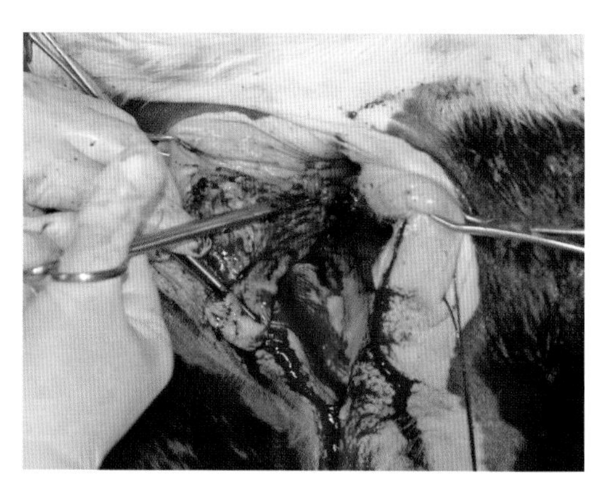

图7-35 使用手术刀切除两侧的瘢痕组织，暴露新会阴的深层组织结构，在手术过程中，要经常用生理盐水进行冲洗

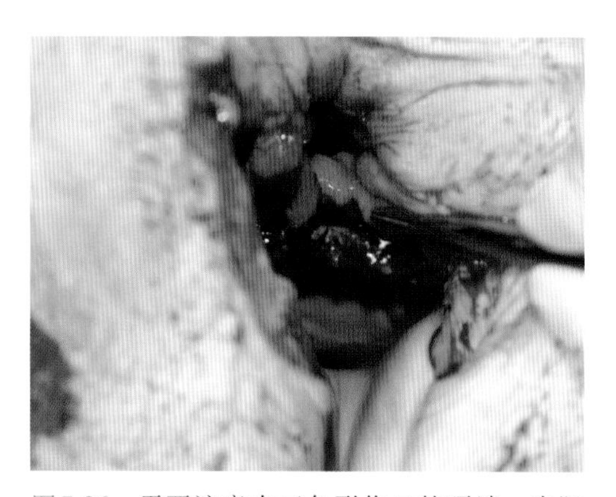

图7-36 需要注意在三角形伤口的顶端，直肠黏膜在上方，阴道黏膜在下方，两个黏膜之间是皮下组织，在此可以重新分离两个腔（直肠和阴道）。这个新的分区是从最深层向外到最浅层（即从三角形的顶部到底部）重建的

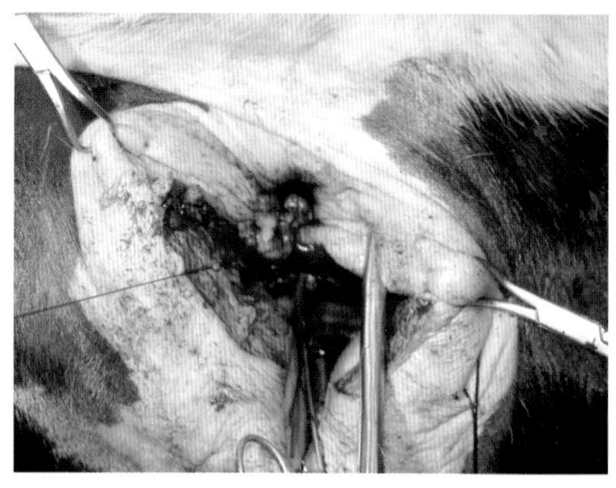

图7-37 从阴道缝合开始（两针，保留剩下的线）。接下来在直肠黏膜上进行连续缝合（两针，保留剩下的线），最后缝合到中间组织，从中间形成分隔

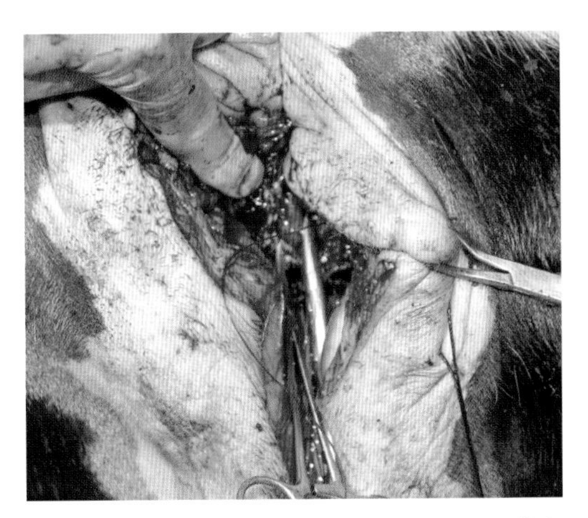

图7-38 首先进行间断缝合，缝合直肠黏膜和阴道黏膜之间的深层组织

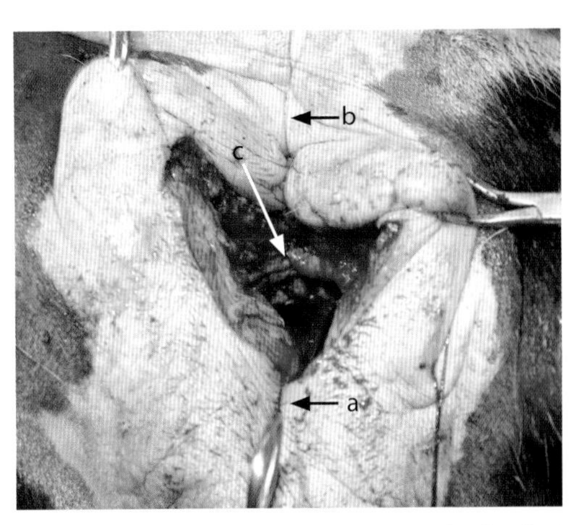

图7-39 在手术的这个阶段，可以观察到3种不同的缝合线：阴道顶部的连续缝合线，末端用蚊氏钳固定（a）；直肠黏膜的连续缝合线，末端由助手固定（b）；会阴深处的第一次间断缝合线（c）

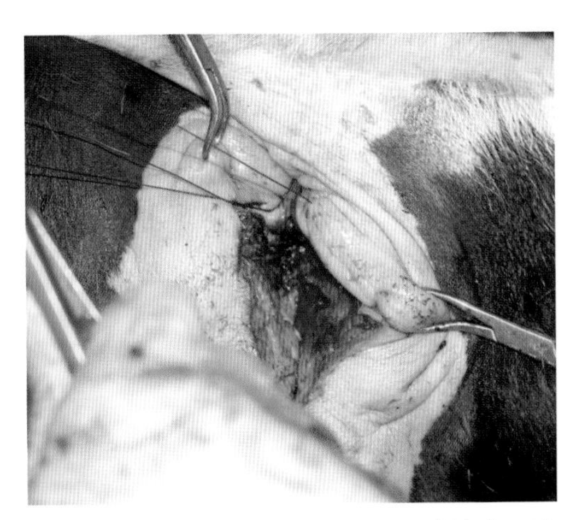

图7-40 直肠黏膜继续进行U形连续缝合。注意皮下组织的闭合，阴道顶部和会阴组织通过间断缝合进行闭合

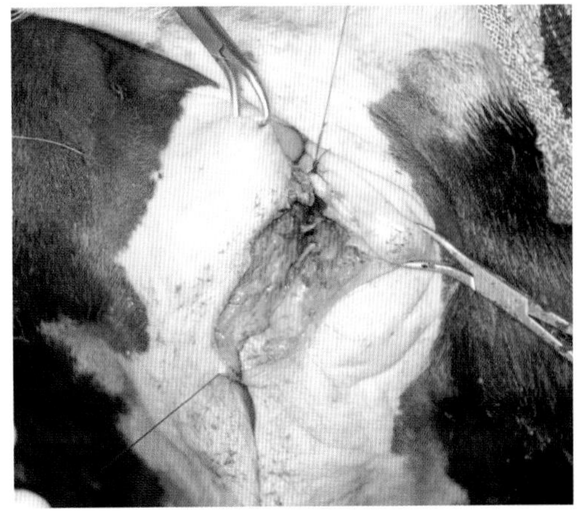

图7-41 手术最后阶段，完成直肠和阴道黏膜的缝合，完成会阴组织缝合时要注意保持组织张力

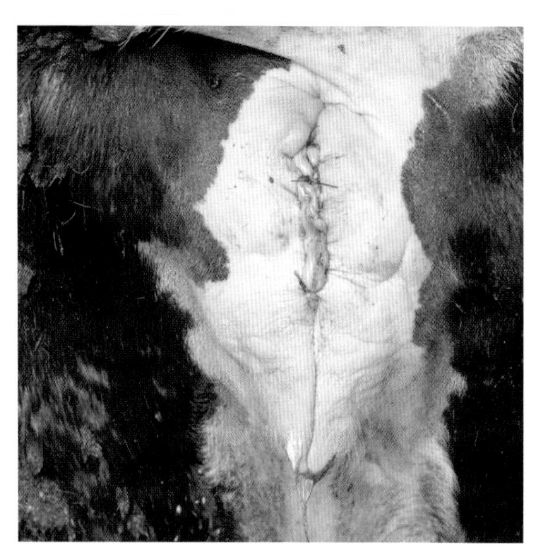

图7-42　术后重建的会阴

图7-43　将手术开始时塞进直肠的手套取出，检查新的开口，直肠和阴道黏膜的密闭性

进展及预后

术后奶牛明显好转，异常消失。术后第4、11、21、34天对奶牛进行检查（图7-44至图7-47）。

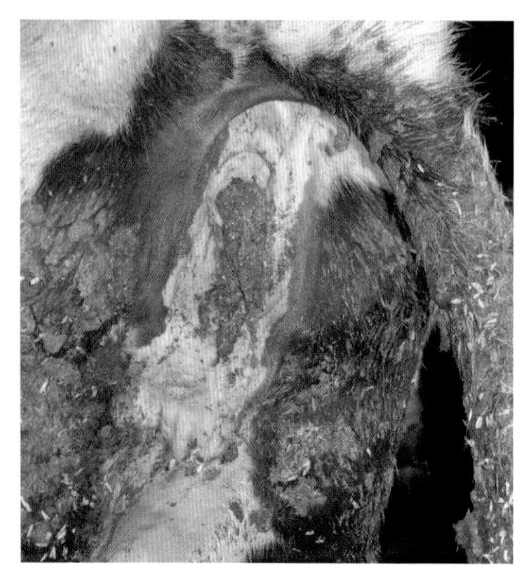

图7-44　术后第4天复查，新建会阴垂向方向明显

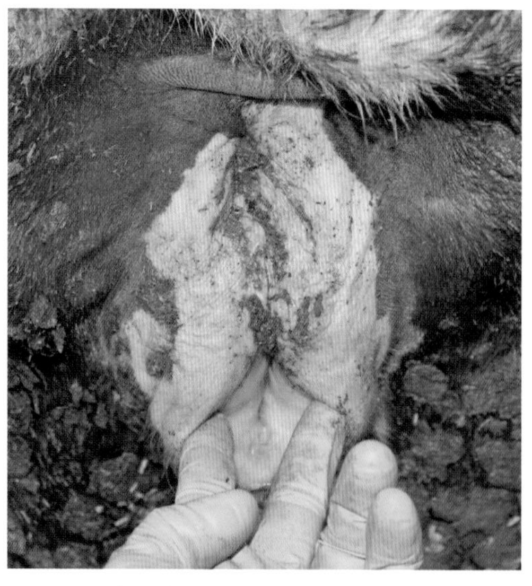

图7-45　术后第11天复查，恢复良好，无炎症

图7-46 术后第21天复查，虽然可以看到直肠缝合线的残余，但会阴缝合线的再吸收已经开始（中央裂）

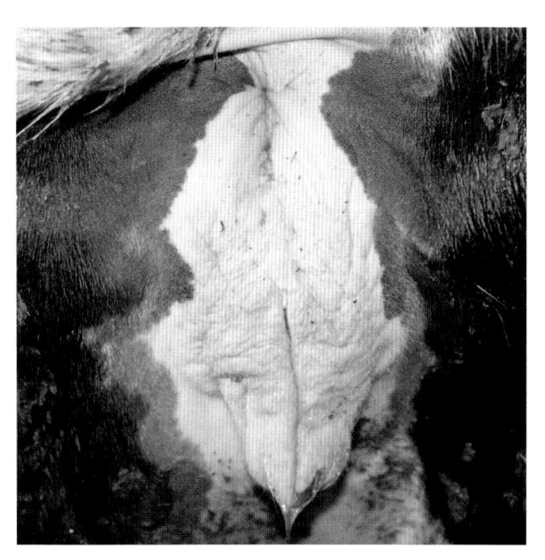

图7-47 术后第34天复查。再次检查阴道和直肠。没有发现瘘管，奶牛似乎已经痊愈；解除奶牛隔离，恢复自由

总结

即使初产母牛所产犊牛的体型较小，也多数会由于阴道前庭狭窄产生一定程度的难产。如果农场主可以提前察觉到这种情况并及时联系兽医，是可以通过会阴切开术在分娩前避免此问题的。

如果在出现问题后立即进行手术，此时由此产生的组织水肿会对手术造成不便，但手术难度仍然较低。在任何情况下，我们应告知农场主采取手术的利弊，并尽快采取手术。

会阴全撕裂是罕见的。但是当遇见这种情况时，专业人员至少在理论上需要掌握必要的外科技术，此重建手术不应该由缺乏经验的人来做。

案例6

多因素引起的生产力下降并发边虫病

动物档案	
年龄	7岁
胎龄	4胎
生产阶段	产后3d

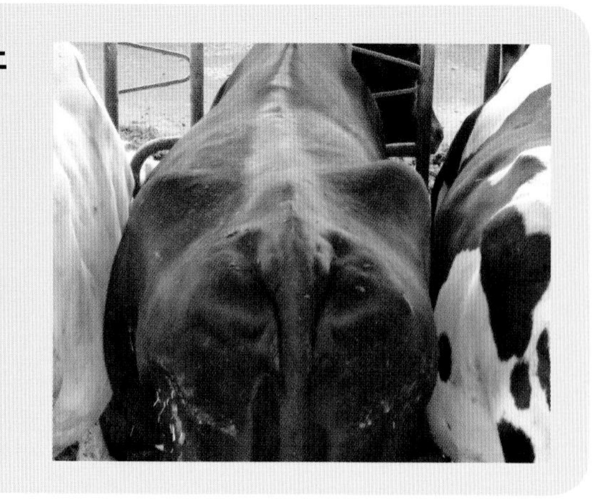

出诊原因

由于一头两天前产犊的母牛产后精神萎靡，体温偏低，腹部凹陷，农场主电话联系兽医求助。尽管农场主已经按照相关方案提供了适当的药物治疗，但奶牛状况并没有明显缓解。

既往史

病史表明，这头四胎奶牛，干奶期为100d。尽管母牛的产奶量很高，但繁殖史表明，母牛的产犊间隔很长（超过600d）（表7-4），这就解释了为什么母牛干奶期这么长。奶牛在干奶期和产犊前后的体况得分均超出预期，而且没有突然的变化（BCS=4）。

值得注意的是，农场只有一个牛栏，因此在泌乳期结束时和早期的饲料投放量是相同的（图7-48）。

分娩正常，胎盘排出正常。按照农场制订的方案，在奶牛产犊当天注射了两支（早晚）钙，并在分娩后立即注射了一支卡贝缩宫素。

第2天，由于奶牛体温低，出现酮症表现（尿液酮体试剂条检测阳性），农场主又给奶牛补充了同样剂量的钙和50%葡萄糖。

检查与诊断

产后第2天，兽医检查母牛时发现，母牛体温为38℃，皮肤触诊较冷。腹侧凹陷，瘤胃蠕动迟缓，产奶量26.6L，对血液中酮体的分析显示，β-羟基丁酸酯（BHB）的含量是3.6mmol/L，而正常血液β-羟基丁酸酯含量应小于1.2mmol/L。

根据既往史和农场主已进行的治疗措施，诊断为低钙血症并发肝脏脂肪变性，这就解释了高水平的酮症和治疗反应差（图7-49）。

表 7-4　本病例奶牛信息、繁殖记录及产奶量

产犊	人工授精				分娩			DM (d)	干奶期		产奶量	产犊间隔 (d)
	日期	日龄	月龄	AI no.	妊娠天数 (d)	胎次	日期		干奶开始	干奶天数 (d)		
09/12/2005	18/07/2007	[1] 586	20	4	[2] 216	1	19/02/2008	283	28/11/2008	55	6 795	
	18/04/2008	861	29	2	279	2	22/01/2009	494	31/05/2010	81	20 588	338
	16/11/2009	1 438	48 [4]	46	277	3	20/08/2010	536	07/02/2012	[3] 101	25 359	575
	09/08/2011	2 069	69	7	283	4	18/05/2012	301	[5] 15/03/2013		13 611	637
	29/01/2013	[6] 2 608	87	5								
合计								1 614		237	66 353	498（平均值）

TDL	2 652
TDW	1 614
TDR	802
TDD	237
TDU	1 039

TDW/TDL	61%
TDR/TDL	30%
TDD/TDL	9%
TDD/TDW	15%

1 作为后备母牛妊娠非常晚。

2 早产后泌乳。

3 超长的干奶期会危及下一次泌乳的开始。

4 第三次和第四次妊娠所花的时间比预期的要长得多，结果造成干奶期比正常情况下长（81 ~ 101d）。

5 这是最后一次录入数据表上的数据。这头牛的干奶期还未结束。根据这些数据可以计算最近一次分娩的DM（301d）。

6 整理数据资料时，这头牛已妊娠。虽然不理想，但奶牛的现状比产犊前有所改善。

TDL：总日龄
TDW：生产总天数
TDR：饲养总天数
TDD：干奶总天数
TDU：（TDR + TDD）DM：非泌乳天数
DM：泌乳天数
AI no.：输精次数
产奶量 / 总产奶天数：41.1 kg/d

图7-48 西班牙坎塔布里安海岸的大多数中型农场都是单一牛栏，即无论奶牛处于任何生产阶段，都采用相同的饲料配给量

图7-49 当母牛妊娠的时间比预期的晚时，这就形成了一个恶性循环，可能导致产后疾病和/或并发症出现。这种现象在不分期饲养的农场尤其普遍，导致奶牛实际的能量需求和饲料摄入量之间的差异。由于这个原因，在同一个牛舍可以看到身体状况评分差异非常大的奶牛

治疗

在第一次就诊（产后第2天）时，兽医开始用钙（当天上午静脉注射）以及葡萄糖、果糖和氨基酸（乙酰蛋氨酸和精氨酸）进行治疗。同时给予利胆药（孟布酮和苯氧基-2-甲基-2-丙酸钠盐）和复合维生素B。

第二天（产后第3天），兽医去农场对奶牛进行全面检查，并检测出以下临床症状：嗜睡、体温37.6℃、腹部凹陷、瘤胃蠕动停止和少量粪便。血液分析显示BHB水平为3.1 mmol/L。兽医验证猜想并诊断为LDA。矫正手术没有任何并发症。此外，奶牛开始接受以下治疗：

- 葡萄糖和氨基酸溶液，每12h静脉注射，至少4d。在BHB值降至1.6 mmol/L以下之前，维持该方案。
- 手术当天，用生理盐水稀释钙每12h注射一次。
- 氟尼辛葡甲胺，每24h一次，持续2d。
- 利胆药（苯氧基-2-甲基-2-丙酸钠盐）每24h一次，持续4d。
- 丙二醇（250mL），每12h一次，持续1周。
- 氨基酸，包括肉碱、蛋氨酸和赖氨酸，口服10d。
- 抗生素治疗（青霉素和链霉素联用）4d。

临床过程

表7-5记录了奶牛疾病的进展和相关的生产数据，在进行了外科手术纠正皱胃左方变位后，产奶量增加，但几天后又出现问题，检测BHB值。

产后第16天，在有明显恢复后，奶牛的产奶量有轻微且持续的下降，在产后第18天，农场主再次联系兽医，兽医来场后对奶牛进行再次检查，但没有找到准确病因，反刍正常，虽然较前几天产奶量有所下降，但均在30L/d以上。

产后第22天，奶牛产奶量再次下降，兽医检测有心动过速，轻度疲劳，体温39.3℃，并且黏膜苍白，外阴处尤为明显。耳静脉采血，进行全血计数，并检测有无血液寄生虫，2d后，检测结果表明奶牛严重贫血且存在边虫感染。

在这个案例的研究中，我们将简要讨论边虫病，尽管这种寄生虫病在西班牙北部较为少见，但该地区的发病率在逐渐上升，在本病例中，我们怀疑在奶牛出现明显的临床表现之前，该寄生虫就已经在其体内孵育了数天。

从兽医怀疑感染边虫那天起到确诊血液中边虫的存在，兽医制订了以下治疗方法：

- 输血4L，血液由4头健康的没有配种的奶牛提供，这些奶牛所产的牛奶中BCS>3.5，每头母牛抽血1L。
- 静脉注射盐酸土霉素（6g/24h，10d）。
- 布他磷（Butafosfan）。
- 维生素B_{12}。
- 补充铁元素每48h一次，持续8d。
- 生理盐水配钙每24h一次，输液4d。

将一天挤奶3次减为2次，持续9d，在产奶量接近40L时恢复一天3次挤奶，以防止乳腺炎的发生。

边虫病的预防

边虫病恢复期动物和幸存的动物仍然是这种疾病的隐性携带者。此外，如果不使用特定方法，很难准确诊断这些患畜。根据以往的经验，在非疫区农场发生一例边虫病，常预示着该农场其他动物也会暴发此病。通常，边虫病主要通过生物媒介（蜱）传播，机械传播（如苍蝇、蚊子、马蝇的机械传播），也可能发生医源性传播。

1岁以下的青年牛第一次接触边虫时通常会产生免疫力，很少表现出疾病症状。因此，随着牛群中免疫动物比例的增加，感染的发生率应逐渐降低。一般来说，边虫病常出现在产后，但也可随时发生，甚至会导致妊娠母牛流产。为了防止农场出现边虫病，审查农场管理方案是十分重要的，建议采取以下措施。

表7-5 本案例中奶牛疾病的发现、采取的措施和生产总结

诊断及LDA手术（第3天）

产后天数	0			1			2			3			4			5		
挤奶	AM	MD	PM	AM	MD	PM	AM	MD	PM	AM	MD	PM	AM	MD	PM	AM	MD	PM
奶量（L）	0	0	8	0	6.4	9.2	11.4	7	8.2	9.6	6.6	7.4	7.5	4.8	7	8.8	7.4	9
总奶量（L）	8			15.6			26.6			23.6			19.3			25.2		
BHB（mmol/L）							3.6			3.1						3.6		

产后天数	6			7			8			9			10			11		
挤奶	AM	MD	PM	AM	MD	PM	AM	MD	PM	AM	MD	PM	AM	MD	PM	AM	MD	PM
奶量（L）	9.6	9	9.4	10.4	9.4	10	11	8.8	10.4	13.8	9	11.2	12	11.2	10.4	15.8	9	13.8
总奶量（L）	28			29.8			30.2			34			33.6			38.6		
BHB（mmol/L）				1.8						0.6								

新出现减产症状：保持警惕（第16天）

产后天数	12			13			14			15			16			17		
挤奶	AM	MD	PM	AM	MD	PM	AM	MD	PM	AM	MD	PM	AM	MD	PM	AM	MD	PM
奶量（L）	14.2	11.6	13	14.4	10.6	13.8	16.2	10.4	12	14.6	11.8	11	12	10.2	10	12.2	11.4	10
总奶量（L）	38.8			38.8			38.6			37.4			32.2			33.6		
BHB（mmol/L）				0.6														

产后天数	18			19			20			21			22			23		
挤奶	AM	MD	PM	AM	MD	PM	AM	MD	PM	AM	MD	PM	AM	MD	PM	AM	MD	PM
奶量（L）	11.8	9.2	9.4	11	8.6	10.6	12.8	8.8	9	10.4	8.4	11.4	10	6	8.8	10.8	7.6	8.6
总奶量（L）	30.4			30.2			30.6			30.2			24.8			27		
BHB（mmol/L）																		

- 制订严格的管理方案并定期检查，防止苍蝇、蚊子和蜱等传播边虫。
- 传播这种疾病可以通过生物媒介，也可以是机械传播（图7-50）。
- 对每头奶牛使用一次性针头和注射器。
- 不要将患病奶牛的药物给其他动物使用。
- 将干奶牛舍饲，这是防止或减少与边虫传播媒介接触的最好方法，

病情恶化，贫血严重：疑似边虫病。样品的处理和收集

产后天数	24			25			26			27			28			29		
挤奶	AM	MD	PM	AM	MD	PM	AM	MD	PM	AM	MD	PM	AM	MD	PM	AM	MD	PM
奶量（L）	10	8.4	9.8	9.6	6.8	9.6	11	7.2	6.8	11.6	7.6	9.4	11	0	14.8	9.4	0	18.2
总奶量（L）	28.2			26			25			28.6			25.8			27.6		
BHB（mmol/L）	0.9																	

土霉素治疗结束

产后天数	30			31			32			33			34			35		
挤奶	AM	MD	PM	AM	MD	PM	AM	MD	PM	AM	MD	PM	AM	MD	PM	AM	MD	PM
奶量（L）	12.2	0	16.4	12	0	17.2	12.2	0	18	12.6	0	21.2	14.2	0	21.2	14.6	0	21
总奶量（L）	28.6			29.2			30.2			33.8			35.4			35.6		
BHB（mmol/L）																		

产后天数	36			37			38			39		
挤奶	AM	MD	PM	AM	MD	PM	AM	MD	PM	AM	MD	PM
奶量（L）	16	0	16	16	10.8	12.6	16.6	9.8	13	15	9.3	14.4
总奶量（L）	32			39.4			39.4			38.7		
BHB（mmol/L）												

AM：上午　　MD：中午　　PM：下午

也是防控其他原虫病的有效措施（图7-51）。

关于这种疾病的大部分信息来自热带或亚热带，这种疾病是这些地方牛的一种地方病。

因为地域不同，热带或亚热带地区牛边虫病的许多诊断策略、流行病学研究、治疗和疫苗接种方案不太适合伊比利亚半岛的特点（与泰勒虫的鉴别诊断尤其重要，因为它们在临床上很难区分）。

总之，需要一种快速可靠的诊断方法。此外，应深入研究这些疾病的流行情况，包括疾病演变和影响疾病发展的因素，以加强应对能力和增加对新出现疾病的认识。

图7-50　奶牛很喜欢户外环境，但由于接触蜱虫和其他动物媒介的机会增加，因此户外也是危险的

图7-51　这个牧场外有丰富的植被，是传播蜱虫的良好场所

总结

这个病例是一个很好的例子，说明了繁殖失败如何影响牛的干奶期和体况，进而导致随后的疾病，推迟下一次妊娠。这种多米诺骨牌效应造成了一个恶性循环，增加了繁殖失败的概率。想想下面的问题：这头牛不应该在那个时候受孕吗？有必要严格遵守受精的最后期限吗？在本案中，奶牛的特殊生产有可能证明牧民的决定是正确的，但一般来说，这种情况并不常见。根据奶牛的产奶量、产奶天数和产犊数量，一些预先制订的方案指明了奶牛可以受精的时间点。

一般来说，兽医在农场的工作应该尽可能标准化，使用预先制订的方案和治疗方法。然而，通常情况下，特定病例不适合，这时兽医必须迅速采取行动，采用外科或药物治疗，或检查相关方案中的不足。兽医在提供快速解决方案的同时，是否可以专业化？该工作是否涉及多个学科？

关于边虫病，值得注意的是这是一种媒介传播疾病。无论是生物性的还是机械性的媒介传播疾病，尽管其中许多疾病以前被认为是热带疾病（例如蓝舌病），但在温带地区越来越多地被诊断出来。造成这些变化的原因还不完全清楚，但可能包括气候变化和媒介对新环境的适应。在兽医的培训方面还应做出哪些改变？

案例7

某农场暴发急性临床乳腺炎

农场概要	
生产类型	奶牛
产奶牛数量	54头
备注	为了达到诊断的目的，有必要对整个生产过程进行评估

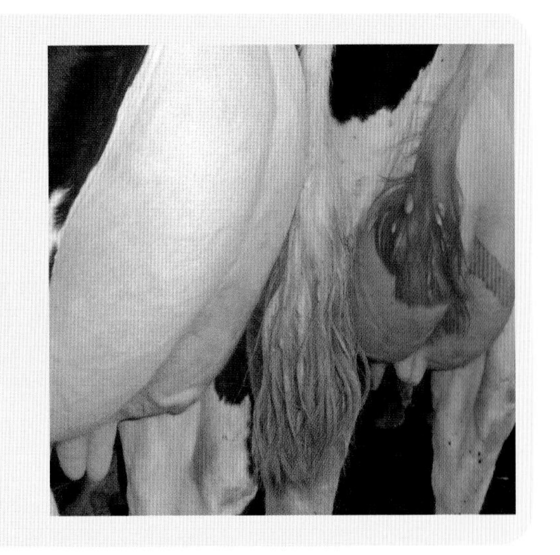

访问原因

农场主在7月份发现临床乳腺炎的急性暴发，随后电话联系兽医。

既往史

7月份农场出现8例急性临床乳腺炎病牛，其中死亡2例，另外6只奶牛的产奶量明显下降。

乳腺炎可以发生在所有年龄和整个泌乳期的奶牛。其特点是炎症过程可影响一个或几个乳区，并且伴有全身感染的症状，对奶牛健康造成严重的影响。患过乳腺炎的奶牛，乳腺会发生萎缩，并且产奶量无法恢复到正常水平。乳腺炎奶牛的牛奶质量也受到影响。总的来说，由于乳腺炎和15d前给奶牛的不正确的混合饲料，导致牛群产奶量下降。这些饲料是由一辆统一的运输车分发的，连续2d奶牛都拒绝采食。这批饲料被退还给供应商。

这个农场保存了奶牛产犊季节的繁殖数据记录。7月份有13头牛产犊。这些记录还显示一些高发的产后疾病，包括胎盘滞留、低钙血症和子宫炎。

农场已经建立了一个良好的干奶方案，包括预防性的乳内抗生素治疗、抗寄生虫治疗和疫苗接种。

表7-6和表7-7显示了与奶牛乳腺健康有关的数据，以及在农场进行牛奶检查期间记录的其他数据。这些数据显示：

- 体细胞计数大于20万/mL的奶牛患病率高。
- 感染的可能性增加，即第一次细胞计数检查时细胞数小于20万/mL，在随后的检查中细胞计数大于20万/mL的奶牛数量增多。

表7-6 乳腺健康及牛奶质检情况

近期数据

最近一次检查日期	农场奶牛数量（头）	产犊母牛数量（头）	化验奶牛数量（头）	1 本次化验发现感染的奶牛数量（头）	自本次检查以来到现在治愈的奶牛数量（头）	2 慢性乳腺炎患牛数量（头）
25/07/12	54	47	42	3	4	4 (7.41 %)

历史

线性评分 (LS)	平均产奶量	每毫升奶体细胞计数＞20万的奶牛比例	最近一次检查每毫升奶体细胞计数＞100万的奶牛比例	第一次检查初产母牛体况评分	3 第一次检查初产母牛感染占比	干奶期治愈奶牛占比	干奶期新感染奶牛占比
2.26	32.2	20.37 %	3.70 %	1.59	31.25 %	50 %	37.50 %
< 3		< 20 %	< 5 %	< 2	< 12 %	> 75 %	< 10 %

检查时间	奶牛数量（头）	初产母牛（头）	经产牛（头）	初产母牛比例	经产牛比例	初产母牛/经产牛	每毫升奶体细胞计数＞20万的初产母牛比例	产犊数（头）
28/11/11	55	18	37	32.73 %	67.27 %	4.9/10	11.11 %	2
28/12/11	50	19	31	38 %	62 %	6.1/10	5.26 %	3
25/01/12	52	19	33	36.54 %	63.46 %	5.8/10	10.53 %	6
27/02/12	56	20	36	35.71 %	64.29 %	5.6/10	10 %	8
27/03/12	57	21	36	36.84 %	63.16 %	5.8/10	14.29 %	4
26/04/12	54	21	33	38.89 %	61.11 %	6.4/10	0 %	6
25/05/12	50	20	30	40 %	60 %	6.7/10	10 %	2
25/06/12	48	19	29	39.58 %	60.42 %	6.6/10	10.53 %	3
25/07/12	54	21	33	38.89 %	61.11 %	6.4/10	9.52 %	13
			平均值	37.46 %	62.54 %	6.0/10	9.03 %	4 47

检查时间	奶牛数量（头）	每毫升奶体细胞计数＞20万的奶牛数量（头）	每毫升奶体细胞计数＞20万的初产母牛数量（头）	每毫升奶体细胞计数＞20万的经产牛数量（头）	每毫升奶体细胞计数＞100万的经产牛数量（头）	每毫升奶体细胞计数＞20万的奶牛比例	每毫升奶体细胞计数＞100万的奶牛比例
28/11/11	55	14	2	12	4	25.45 %	7.27 %
28/12/11	50	10	1	9	1	20 %	2 %
25/01/12	52	15	2	13	3	28.85 %	5.77 %
27/02/12	56	11	2	9	1	19.64 %	1.79 %
27/03/12	57	14	3	11	3	24.56 %	5.26 %
26/04/12	54	8	0	8	1	14.81 %	1.85 %
25/05/12	50	8	2	6	2	16.00 %	4 %
25/06/12	48	10	2	8	2	20.83 %	4.17 %
25/07/12	54	11	2	9	2	20.37 %	3.70 %
					平均值	21.17 %	3.98 %

根据产犊前的最后一次检查，计算干奶期的平均天数（d）	306
修正系数（d）	30
合计（d）	336

1 乳腺炎感染的可能性增加。
2 慢性乳腺炎发病率升高。
3 初产母牛在产犊时患乳腺炎的比例高。
4 产犊季节性。

表 7-7 泌乳 0 ～ 30d 期间患乳腺炎奶牛数据信息

检查时间	泌乳牛数量（头）	泌乳期（0 ～ 30d）奶牛数量（头）	每毫升奶体细胞计数＞20 万的乳腺炎奶牛数量（头）	泌乳期（0 ～ 30d）奶牛占比	泌乳期（0 ～ 30d）奶牛中患乳腺炎的占比
28/11/11	55	6	1	10.91 %	16.67 %
28/12/11	50	5	2	10 %	40 %
25/01/12	52	9	4	17.31 %	44.44 %
27/02/12	56	14	5	25 %	35.71 %
27/03/12	57	12	4	21.05 %	33.33 %
26/04/12	54	8	0	14.81 %	0 %
25/05/12	50	6	3	12 %	50 %
25/06/12	48	4	2	8.33 %	50 %
25/07/12	54	15	5	27.78 %	1 33.33 %

1 泌乳期（0 ～ 30d）奶牛的感染率较高。

2 几乎整个牛群都被感染了，与产犊数量无关。

检查时间	L1 奶牛（头）	L1 患乳腺炎奶牛（头）	L2 奶牛（头）	L2 患乳腺炎奶牛（头）	L3 奶牛（头）	L3 患乳腺炎奶牛（头）	≥ L4 奶牛（头）	≥ L4 患乳腺炎奶牛（头）	L1 奶牛占比	L2 奶牛占比	L3 奶牛占比	≥ L4 奶牛占比（%）	L1 患乳腺炎奶牛占比	L2 患乳腺炎奶牛占比	L3 患乳腺炎奶牛占比	≥ L4 患乳腺炎奶牛占比
28/11/11	18	0	17	0	7	0	13	1	32.73 %	30.91 %	12.73 %	23.64 %	0 %	0 %	0 %	100 %
28/12/11	19	1	16	0	4	0	11	1	38 %	32 %	8 %	22 %	50 %	0 %	0 %	50 %
25/01/12	19	2	16	0	5	0	12	2	36.54 %	30.77 %	9.62 %	23.08 %	50 %	0 %	0 %	50 %
27/02/12	20	2	15	0	6	0	15	3	35.71 %	26.79 %	10.71 %	26.79 %	40 %	0 %	0 %	60 %
27/03/12	21	1	15	0	6	0	15	3	36.84 %	26.32 %	10.53 %	26.32 %	25 %	0 %	0 %	75 %
26/04/12	21	0	16	0	8	0	9	0	38.89 %	29.63 %	14.81 %	16.67 %	0 %	0 %	0 %	0 %
25/05/12	20	1	13	0	8	1	9	1	40 %	26 %	16 %	18 %	33.33 %	0 %	33.33 %	33.33 %
25/06/12	19	0	12	0	8	2	9	0	39.58 %	25 %	16.67 %	18.75 %	0 %	0 %	100 %	0 %
25/07/12	21	1	12	0	11	2	10	2	38.89 %	22.22 %	20.37 %	18.52 %	20 %	0 %	40 %	40 %
2								平均值	37.46 %	27.74 %	13.27 %	21.53 %	24.26 %	0 %	19.26 %	45.37 %

DM：泌乳天数　L1：第一个泌乳期　L2：第二个泌乳期　L3：第三个泌乳期　L4：第四个泌乳期

- 慢性乳腺炎发病率升高，即在第一次临床检查时体细胞数低于200 000个/mL，在随后的检查中体细胞数超过200 000个/mL的奶牛数量在增加。
- 大量奶牛在产犊后出现新的感染，即在产犊后的第一次检查中细胞计数超过200 000个/mL。

农场评估

卫生与舒适度

对农场进行评估后，得出以下有关卫生和舒适度的结论：

- 泌乳母牛的乳腺和四肢的清洁卫生程度令人满意，但蹄部脏。
- 农场有相对干净的院子，但靠近卧床边缘的过道清洁度低。农场没有使用自动清洁系统。
- 干奶牛和后备母牛共用一个院子和一个休息区。奶牛是干净的，但是户外庭院的空间条件和卫生条件有待提高（图7-52）。
- 挤奶厅干净卫生。
- 牛栏的尺寸适当，奶牛能够舒适地休息（图7-53）。然而，它们的结构很差：用于卧床的材料很硬，卧床垫料厚度不够（小于10cm）。
- 使用锯末和碳酸钙（未指定百分比）作为垫料，两者均为细粉末形式。垫料每周更换一次。
- 牛栏的背侧含有与新鲜粪便混合成团的垫料（图7-54）。

图7-52 干奶牛和后备母牛在同一个院子里休息

图7-53 大小合适但结构材料较差的牛栏

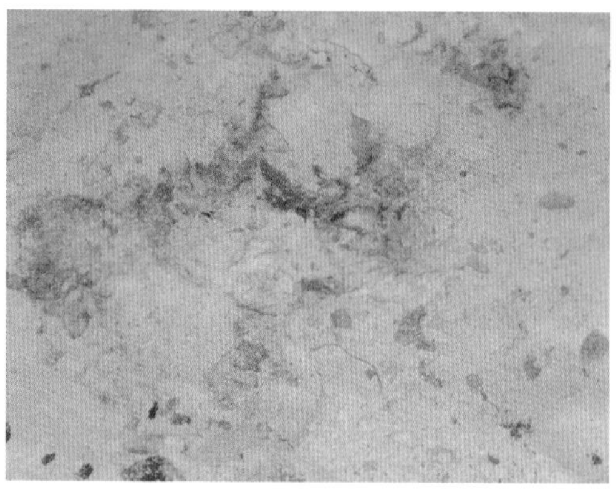

图7-54 卧床上的木屑和新鲜粪便

挤奶设施

对挤奶机和挤奶厅进行评估后，得出以下结论：

- 农场有一个5×5“人”字形挤奶厅。
- 挤奶机采用低管路、封闭式设计。
- 牛奶管道的角度不足，不符合UNE 68061/98规定的最低2%的要求，该标准规定了挤奶机的安装和使用要求。
- 挤奶过程中挤奶装置的对准不正确。母牛不舒服，会踢。
- 挤奶机的奶杯衬垫由硅胶制成，可挤奶1 500h。
- 挤奶机产生41kPa的真空压力。在挤奶过程中，在最大牛奶流量下，歧管中检测到5kPa的下降，在较低流量下稳定在39kPa。
- 挤奶后乳头状况良好：尽管37%的奶牛在移除奶杯后乳头底部周围出现环状压痕，但无明显充血，乳头状况评分良好（1.8）。

挤奶程序

挤奶程序为5头奶牛一组，由两名操作员管理。第一个操作员先弃掉三把奶，然后进行奶头预处理（以确保奶头清洁卫生）。第二个操作员用纸巾擦干奶头，然后由第一个操作员上奶杯。

在观察了农场的挤奶方案后，得出以下结论：

- 奶头预处理时间很短：这个过程持续不到30s。
- 奶头预处理过程中使用的产品不应含消毒剂成分。
- 在连接奶杯之前，乳腺的按摩持续时间足够（90s）。
- 挤奶过程中牛奶平均流速低：2.8L/min。
- 从第一个挤奶装置连接到最后一个挤奶装置移除之间的时间约为10min。
- 奶牛的奶头在挤奶后应经过良好的消毒（密封）。

分析

从加利福尼亚乳腺炎试验（CMT）阳性的奶牛和临床乳腺炎的奶牛采集牛奶样本进行细菌培养（表7-8）。从牛群的其他奶牛取样（表7-9）进行微生物分析（表7-10）。

还收集了垫料样本。这些包括仓储的锯末/碳酸钙样本，以及摊铺后12h从卧床收集的样本（图7-55）。垫料分析结果见表7-11。

表7-8 CMT阳性奶牛和/或临床乳腺炎奶牛乳样的细菌培养结果

微生物分析（按每1/4乳区采样）		
奶牛	1/4乳区	结果
1	FR	无生长
2	BL	无生长
3	BL	肺炎克雷伯菌
4	FR	产酸克雷伯菌

FR：右前乳区。

BL：左后乳区。

表7-9　乳腺炎阴性奶牛乳样细菌培养结果

微生物分析（每头奶牛取样）	
奶牛	结果
1	CNS
2	无细菌
3	CNS
4	无细菌
5	肠球菌属
6	CNS
7	CNS
8	CNS
9	无细菌
10	无细菌
11	肠球菌属
12	CNS
13	肺炎克雷伯菌
14	肠球菌属
15	CNS
16	CNS
17	CNS
18	无细菌
19	CNS
20	无细菌
21	CNS
22	无细菌
23	CNS
24	CNS
25	CNS
26	CNS
27	—
28	肠杆菌属
29	无细菌
30	CNS
31	无细菌
32	CNS
33	肠杆菌属
34	CNS
35	产酸克雷伯菌
36	CNS
37	无细菌
38	CNS
39	CNS
40	CNS
41	乳房链球菌
42	CNS
43	无细菌

CNS: 凝乳酶阴性葡萄球菌。

表7-10　从农场牛奶罐中提取的样本的细菌培养结果

微生物分析（奶罐样本）	
细菌微生物	结果 (CFU/mL)
大肠杆菌群	0
大肠埃希氏菌	20
肠球菌属	20
凝乳酶阴性葡萄球菌	350
金黄色葡萄球菌	0
无乳链球菌	0
凝乳链球菌	0
乳房链球菌	0

图7-55　垫料样本

表7-11 卧床垫料细菌培养结果

微生物	结果(CFU/g)	
	仓储垫料	卧床上垫料
大肠杆菌群	0	1 000 000 000
大肠埃希氏菌	0	16 700
肠球菌属	0	196 000
总嗜温微生物	124 000	23 840 000
凝乳酶阴性葡萄球菌	0	1 000 000 000
金黄色葡萄球菌	0	0
链球菌属	0	1 000 000 000

诊断

总之，对该农场的评估基于以下几个关键因素：

1.奶牛住处卫生

后1/3的牛栏是脏的，卧床垫料高度污染。

2.动物转群

干奶牛和后备母牛共用院子和休息区。因为院子很脏，所以存在卫生问题，导致卧床受到污染。

3.挤奶机

- 37%奶牛挤奶后，奶杯衬垫在乳头底部形成一个环状压痕。
- 脉冲比为60 ∶ 40（挤奶期/按摩期），牛奶流速低（2.8L/min）。
- 连接挤奶装置输送牛奶的管道太长，妨碍挤奶期间装置的正确对准和定位。
- 取下奶杯的时间太长。
- 牛奶管道角度不足。
- 挤奶系统的主要牛奶管道太窄。

4.设施

- 休息区舒适度不足。卧床表面坚硬且垫料较薄（小于10cm）。挤奶等候区没有通风设施或饮水槽，且不能为奶牛提供足够的空间。
- 从挤奶室到院子的出口是倾斜和光滑的，对奶牛来说很不舒服，使奶牛从挤奶室出来的速度减慢。
- 饮水槽的表面积不以匹配饲养在泌乳区的奶牛数量。

5.挤奶程序

在挤奶前预处理奶头时，使用无消毒剂成分的产品（如肥皂）。

建议

短期建议

1.用另一种材料替换锯末垫料。这是根据锯末中存在的克雷伯菌和其他微生物来决定的。在这个农场，不可能使用其他无机垫料（例如沙子），因为这会导致清洁通道和将粪便排入粪坑难度增加的问题。锯末被非常细的碳酸钙代替。

2.每天彻底清洁并更换每个卧床后1/3的垫料。

3.在所有泌乳场所提供饮水槽。

4.更换已达到挤奶1 500h的奶杯衬垫。

5.减少取下奶杯所需的时间，并将挤奶机的脉冲比改为65 ∶ 35，以提高平均奶流量。

6.缩短牛奶输送管道的长度，设计一个更好的系统来连接和校准挤奶装置。

7.使用过氧化氢类消毒剂进行奶头预处理。

8.隔离临床型或亚临床型乳腺炎奶牛，这些牛应最后挤奶。如果条件允许，患乳腺炎的奶牛应该不在同一挤奶厅挤奶。

中长期建议

1.用较软的材料代替卧床内的垫料，提高卧床的舒适度，使奶牛站立时更舒适，不会滑倒。

2.把干奶牛和后备母牛分开饲养。

3.等候区通风良好。

4.降低挤奶厅出口坡道的坡度。

5.增加牛奶主管道的角度和直径。

治疗

建议对乳腺炎奶牛采用以下药物治疗：

- 注射用抗菌剂：24%含有甲氧苄啶（4g/100mL）和磺胺邻二甲氧嘧啶（20g/100mL）的溶液，剂量为每10kg体重1mL。
- 体液支持疗法：静脉注射高渗7.5%生理盐水，每千克体重5mL。确保随后为奶牛提供充足饮水。
- 非甾体类抗炎药：氟尼辛葡甲胺（每千克体重2.2mg）。
- 在干奶期和泌乳初期接种大肠杆菌J5疫苗。